中国数据中心冷却技术年度发展研究报告 2021

中国制冷学会数据中心冷却工作组　组织编写

中国建筑工业出版社

图书在版编目（CIP）数据

中国数据中心冷却技术年度发展研究报告. 2021 / 中国制冷学会数据中心冷却工作组组织编写. — 北京 ：中国建筑工业出版社，2022.4

ISBN 978-7-112-27142-9

Ⅰ. ①中… Ⅱ. ①中… Ⅲ. ①冷却-技术发展-研究报告-中国-2021 Ⅳ. ①TB6

中国版本图书馆 CIP 数据核字(2022)第 036614 号

责任编辑：张文胜
责任校对：张惠雯

中国数据中心冷却技术年度发展研究报告
2021
中国制冷学会数据中心冷却工作组　组织编写
*
中国建筑工业出版社出版、发行（北京海淀三里河路 9 号）
各地新华书店、建筑书店经销
北京鸿文瀚海文化传媒有限公司制版
天津安泰印刷有限公司印刷
*
开本：787 毫米×1092 毫米　1/16　印张：9　字数：222 千字
2022 年 4 月第一版　　2022 年 4 月第一次印刷
定价：**45.00** 元
ISBN 978-7-112-27142-9
（38947）

本书编委会

编写人员

第1章　陈焕新
1.1　陈焕新　张鉴心
1.2　程亨达　许源驿
1.3　周镇新　陈璐瑶

第2章　何智光　李　震　陈晓轩
2.1　李　震
2.2　何智光　陈晓轩
2.3　何智光
2.4　陈晓轩
2.5　何智光

第3章　邵双全　赵国君　张晓宁
3.1　邵双全　陈孝元　王　博　彭思敏
3.2　邵双全　卓明胜　陈培生
3.3　邵双全　李林达　陈胜朋
3.4　邵双全　骆名文　杨志华
3.5　邵双全　余　钦　黄　珊
3.6　邵双全　朱连富　刘　闯
3.7　邵双全　吴松华　王　磊
3.8.1　邵双全　刘　华　王　升
3.8.2　邵双全　骆名文　陈文明

第4章　谢晓云
4.1　谢晓云　井　洋　赵　策
4.2　谢晓云　井　洋　赵　策　陈亚男　孙　辉
4.3　谢晓云　井　洋　赵　策
4.4　谢晓云　井　洋　赵　策

第5章　张　泉　李　震　王加强
5.1　张　泉　凌　丽　杜　晟　雷建军　卢俏巧
5.2　张　泉　王加强　李　杰　岳　畅　黄振霖
5.3　李　震
5.4　张　泉　廖曙光

前　言

当前，中国已成为数据处理超级大国，快速增长的数据中心算力需求带来机架规模大幅增加，同时随着我国“双碳”进程的不断推进，数据中心的运载能力和节能能力面临着越来越严峻的挑战。

为全面总结我国数据中心冷却技术的发展现状和趋势，中国制冷学会数据中心冷却工作组已连续五年出版《中国数据中心冷却技术年度发展研究报告》，备受业内同行关注，并获得了同行高度认可。

在新的背景与挑战下，工作组再次组织专家、学者及企业代表共同编写《中国数据中心冷却技术年度发展研究报告 2021》，该报告在吸取前五版报告精华的基础上，创新编写风格，从冷源这个角度全新出发，内容主要包含数据中心的冷却方式和冷却设备等方面，由点及面，全面梳理国内数据中心冷却的产业现状、发展趋势、技术热点及相关工作等。本版报告以数据中心冷源为重点，内容详实、数据准确、图文并茂，为了解我国数据中心冷却技术发展状况和趋势提供了最新的具有参考价值的资料。

本书系统介绍了在当前绿色低碳背景下，数据中心的发展现状及趋势、能耗情况、相关政策、冷源情况、冷却设备等内容。其中，第 2 章详细介绍了数据中心冷源的特点及其可能的自然冷却途径；第 5 章进一步对自然冷水源进行了详细的介绍，这两章对冷源进行了全面、全新的总结。第 3 章则介绍了水冷、风冷、一体化冷风机组，以不同应用场景下的实际冷水机组为例，从总体介绍、创新技术、性能指标、应用概述四方面进行分析。第 4 章对蒸发冷却冷水设备进行介绍。

中国制冷学会数据中心冷却工作组成员单位对本书编写工作提供了大力支持与辛勤付出，在此表示衷心感谢。

书中若有错漏之处，欢迎各位专家和读者批评指正。

目 录

第1章　数据中心及数据中心冷却概况

1.1　中国数据中心及冷却系统发展状况①

1.1.1　中国数据中心市场规模现状

根据信息技术研究公司Gartner的最新数据表明，受新冠肺炎疫情影响，全球数据中心应用预算支出总体有所下降，增长有所放缓。新冠肺炎疫情使得中国互联网使用率激增，同时在中国“新基建”投资计划和相关政策加持下，且在技术和网络基础设施的支持下，在不久的未来将加速发展云存储、大数据、物联网、虚拟现实技术、人工智能和5G。因此，互联网数据中心对数据和信息处理平台的需求将会呈现持续性的增速发展。新冠肺炎疫情促使企业转向线上开展业务、在线办公、在线教育、网络视频、网络游戏等需求增速明显。同时5G、工业物联网、高清视频等行业应用增加，加大了对边缘计算的需求。互联网的快速发展和企业的数字化转型，带动了云服务和数据中心的需求增长，推动了中国数据中心市场规模的发展。

科智咨询发布的《2020—2021年中国IDC行业发展研究报告》显示，我国数据中心市场规模自2010年来一直呈现增长态势，但增长速度有一定的波动。如图1.1-1所示，我

图1.1-1　2015～2025年中国IDC市场规模预测及增长率

注：图中E表示预测值。

① 本节中的相关数据，不包括我国香港、澳门和台湾。

国数据中心市场规模已在 2020 年突破 2000 亿元大关，达到 2238.7 亿元。相较 2019 年绝对规模增加了 676.2 亿元，同比增长 43.28%，是近五年来增速最高的一年，表现出中国数据中心规模进入新一轮热潮。预计在 2025 年底我国数据中心市场规模将突破 6000 亿元，实现近 2 倍的增长。

在国家政策引导、行业需求的提升下，中国数据中心投资规模整体趋势向好。智研咨询发布的《2021—2027 年中国数据中心行业市场竞争力分析及发展策略分析报告》显示，2019 年中国数据中心投资规模达到了近十年来的高峰，但受新冠肺炎疫情影响，在 2020 年规模有所降低。如图 1.1-2 所示，2020 年中国数据中心投资规模达 162.88 亿元，投资项目数量达到 184 项，较 2019 年增加 8 项。整体来看，新冠肺炎疫情对于中国数据中心投资资金规模存在着一定的影响，但是投资数量上保持着一定的平稳态势，可以预测，2021 年数据中心的投资规模将会有所回升，而投资数量会依然保持着平稳向上的趋势。

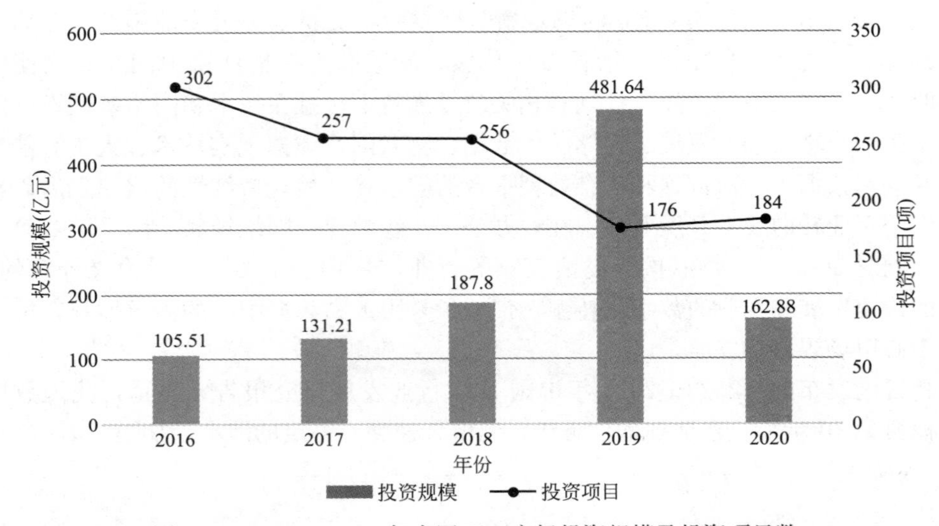

图 1.1-2　2016～2020 年中国 IDC 市场投资规模及投资项目数

数据中心服务的主要供应商有基础电信服务商、企业自建数据中心（EDC）、第三方 IDC 运营商提供。在我国数据中心服务市场中，第三方运营商是除基础电信运营商外的重要组成部分。第三方运营商主要提供机柜租用、带宽租用、主机托管、代理运维等数据中心服务。根据数据中心服务供应商相关公司公告、中国信息通信研究院、前瞻产业研究院的《2021—2026 年中国数据中心（IDC）基础设施行业市场前瞻与投资规划分析报告》等数据表明，2020 年我国 IDC 行业市场份额前三位依然是中国电信、中国联通和中国移动，其总份额占比超过了 60%。第三方运营商中，万国数据与世纪互娱占据了绝对的龙头地位，营收额分别达到了 57.39 亿元和 48.29 亿元；鹏博士和数据港则具有较高的毛利率，分别是 43.54%和 39.89%，如图 1.1-3 所示。

目前 IDC 厂商的主要服务客户为互联网、云厂商、金融行业、制造行业、政府机构等，如图 1.1-4 所示。第三方 IDC 厂商满足了核心城市的 IDC 需求，如云计算、互联网、金融客户需求等，弥补了供需缺口，具备一定的资源稀缺性壁垒。中商产业研究院资料显示，目前互联网和云厂商依然为数据中心的主体客户群体，占到 60%以上的份额，其次为金融行业，占比达 20%。由于互联网的发展迅速，预测这一占比将会继续保持，且互联网

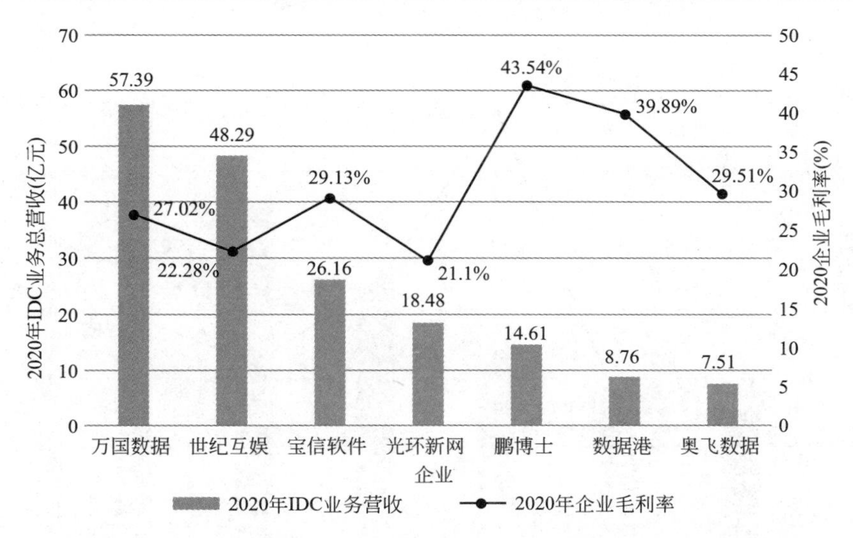

图 1.1-3　2020 年中国 IDC 第三方代表性运营商业务营收及毛利率

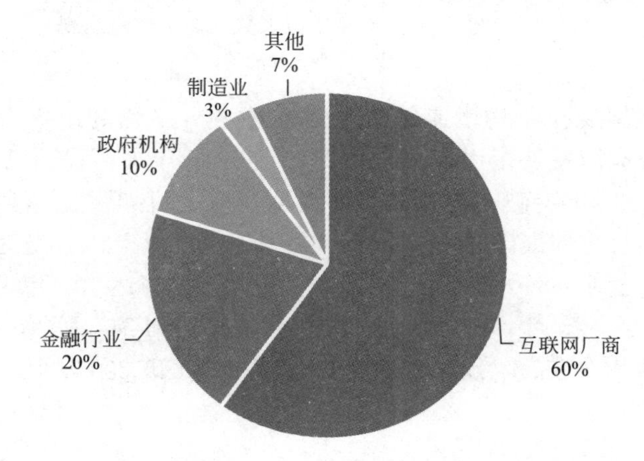

图 1.1-4　2020 年中国 IDC 服务下游客户占比结构

占比可能会有进一步的提升。

随着互联网的大规模普及和通信信息处理的需求，中国已经成为“数据处理超级大国”。根据前瞻产业研究院整理的数据报告，如图 1.1-5 所示，中国大数据储量自 2015 的 3.1ZB 已经增长到 2019 年的 9.3ZB，增长幅度达到 3 倍，且预计 2020 年数据规模将会达到 12ZB，占到全球整个数据量的 20%。

随着数据量和数据处理需求的激增，数据中心作为新基建的重要部分，得到了行业的重视。目前在北上广深等大部分一线城市依然面临着数据中心供不应求的情况，该问题促使地区数据中心建设脚步较快，以满足高增长的数据需求。

工业和信息化部 2013 年发布的《关于数据中心建设布局的指导意见》中指出数据中心按机架数量的划分标准。以 2.5kW 一个标准机架为计算单位，大于或等于 10000 个标准机架的数据中心为超大型数据中心；大于或等于 3000 个标准机架小于 10000 个标准机架的数据中心为大型数据中心；规模小于 3000 个标准机架的为中小型数据中心。工业和信息化部印发的《新型数据中心发展三年行动计划（2021—2023 年）》明确，到 2023 年

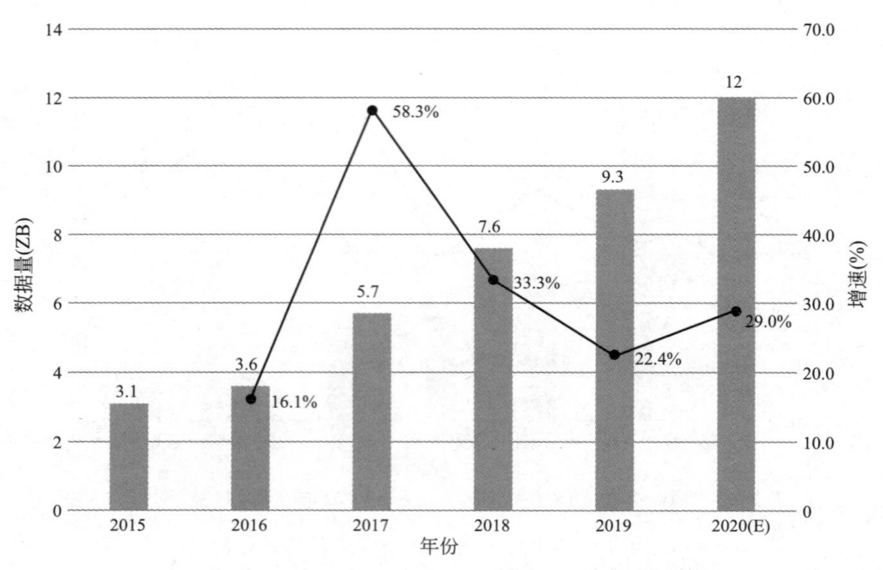

图 1.1-5　2015～2020 年中国大数据储量规模预测

注：图中 E 表示预测值。

底，全国数据中心机架规模年均增速保持在 20%左右，平均利用率力争提到 60%以上。根据《全国数据中心应用发展指引》报告数据，自 2016 年来，我国已用数据中心数量已超过 100 万架，在 2020 年突破 400 万架，其大型及以上机架占比达到 80%，如图 1.1-6 所示。按照工业和信息化部提出的增速要求和大型规模及以上机架增速情况，到 2035 年，我国数据中心机架将达到 618 万台，且大型及以上机架占比将达 90%以上。根据中国信息通信研究院的数据，截至 2020 年，中国数据中心机柜规模达到 244 万个，且 2017～2019 年年新增机柜规模均在 40 万个左右，预计 2021 年机柜规模将突破 300 万个，如图 1.1-7 所示。

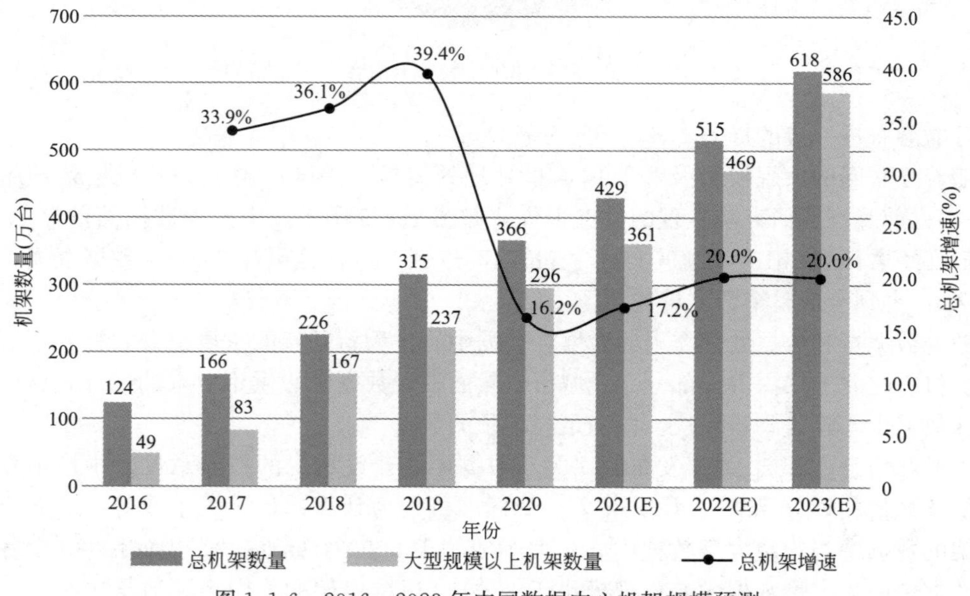

图 1.1-6　2016～2023 年中国数据中心机架规模预测

注：图中 E 表示预测值。

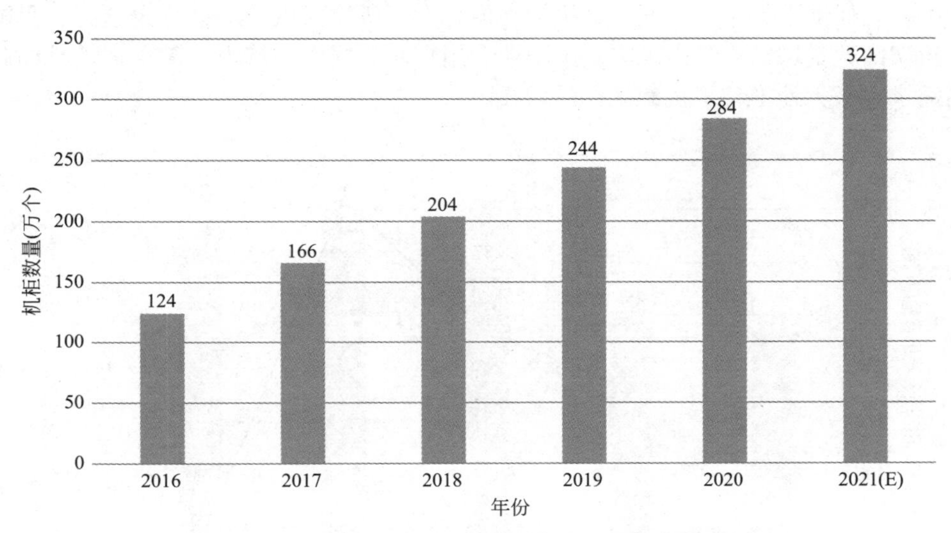

图 1.1-7　2016～2021 年中国数据中心机柜规模预测

注：图中 E 表示预测值。

随着互联网云服务的发展，云数据中心由于其特殊的数据处理能力和传输效率，与传统数据中心存在明显差异，其在数据中心中占有一定的比例，但云数据中心的实例数逐年有所下降，主要原因可能是设备计算能力和带宽的提高。中商产业研究院资料显示，2020 年云数据中心实例为 36.2 百万个，较 2019 年减少了 3 百万个左右，且预测 2021 年实例数进一步减少到 35.7 百万个，如图 1.1-8 所示。

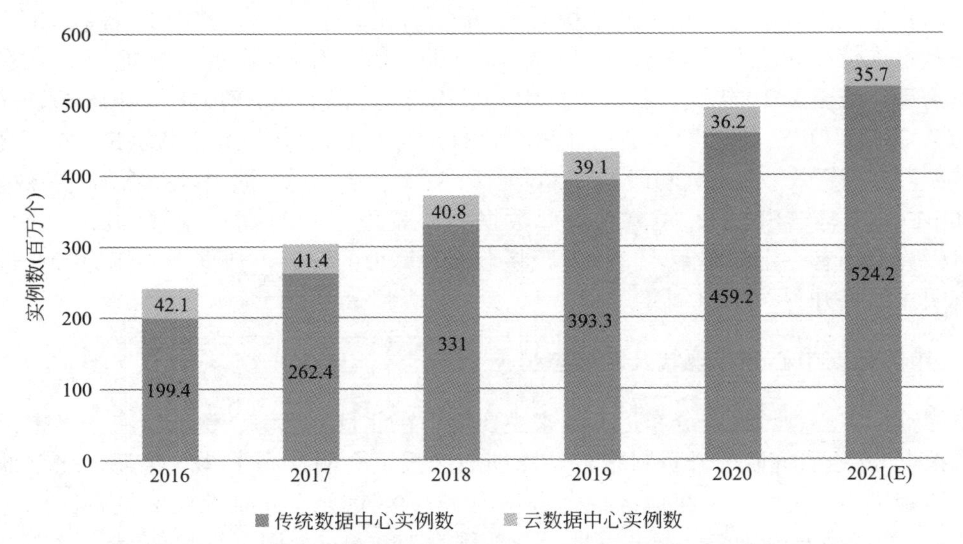

图 1.1-8　2016～2021 年中国传统数据中心与云数据中心实例规模预测

注：图中 E 表示预测值。

《新型数据中心发展三年行动计划（2021—2023 年）》中还提到，到 2021 年底，全国数据中心平均利用率力争提升到 55%以上，总算力超过 120EFLOPS；到 2023 年底，总算力超过 200EFLOPS，高性能算力占比达到 10%。数据中心总体算力与数据中心机架规模密切相关，在保证上架率的情况下，机架规模越大，所能提供的理论算力越高。我国大型及以上机架的数量增加充分表现出我国企业和用户对数据中心算力的需求，正是如此，算力的高需求也极大地推动了机架规模的增长。

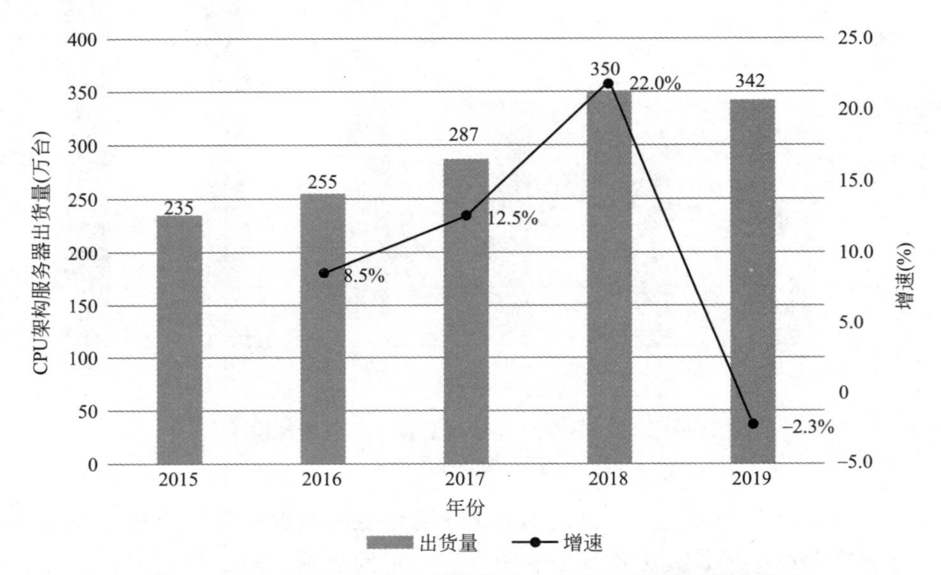

图 1.1-9 2015～2019 年中国数据中心 CPU 架构服务器出货量

数据中心机架算力很大程度上取决于核心处理器运算能力，其中 CPU 架构服务器一直占据机架服务器的主要地位，根据 Gartner 的数据，中国（不含港澳台）的 CPU 架构服务器出货呈现上升态势，且 x86 架构 CPU 市场占比高达 99%，其中 Intel 在 CPU 市场上占比基本维持在 90%以上的水平，其次为 AMD，如图 1.1-9 所示。根据 CPU 市场服务器规模测算，截至 2019 年底，我国数据中心通用算力为 71.96EFLOPS（FP32），高性能算力为 7.78EFLOPS（FP32）；通用计算能力的算效为 15.7GFLOPS/W（FP32），高性能计算能力的算效为 45.5GFLOPS/W（FP32），全国数据中心总体算效达到 18.16GFLOPS/W（FP32）。距离《新型数据中心发展三年行动计划（2021—2023 年）》提出目标算力还有一定的差距，这一差距将会推动算力的发展，数据中心算力行业近几年将会有明显的提升。

1.1.2 中国数据中心分布现状及发展态势

中国数据中心领域投资分布近五年来主要集中在北京、上海、深圳这三个城市及周边地区。根据 36 氪研究院公开资料报告，深圳地区投资金额达到了 320 亿元，北京地区投资金额达到了 308 亿元，上海地区投资金额为 171.98 亿元。北京地区的投资案例达到了 432 起，上海投资案例为 193 起，深圳投资案例为 160 起，如图 1.1-10 所示。这三个地区分别占到了总投资规模和总投资案例的 68.17%和 63.61%。中西部新一线城市如成都、武汉、重庆保持了良好的发展态势，在投资规模上占到了全国城市前 15。根据数据可以看出，当前数据中心主要投资区域仍然主要集中在一线城市，由于一线城市人口密度高，信息交互需求大，因此对数据中心的需求也会更多。但在 2020 年国家发展改革委等四部委联合提出的《关于加快构建全国一体化大数据中心协同创新体系的指导意见》中明确提出，到 2025 年，东西部数据中心实现结构性平衡，根据能源结构、产业布局、市场发展、气候环境等，在京津冀、长三角、粤港澳大湾区、成渝等重点区域，以及部分能源丰富、气候适宜的地区布局大数据中心国家枢纽节点。结合国家绿色能源发展政策，可以看出未来数据中心投资区域将会逐渐转向一线城市周边区域和西部地区，以保证能源供给平衡和中心城市的信息需求。

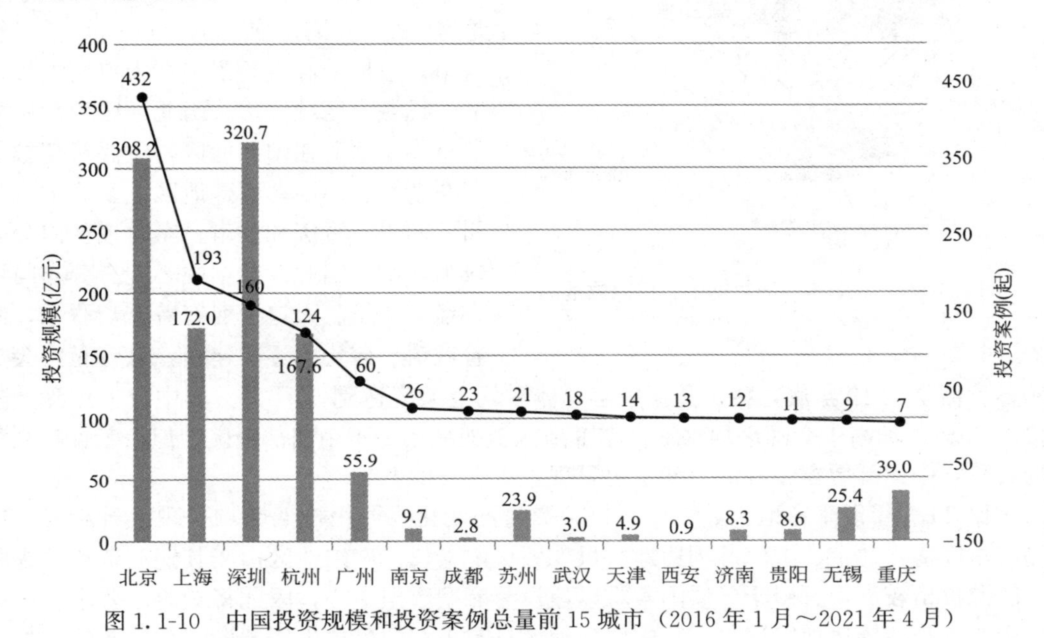

图 1.1-10　中国投资规模和投资案例总量前 15 城市（2016 年 1 月～2021 年 4 月）

其中北上广深，江浙沪以及一些新兴一线城市地区也是 IDC 服务商的主要供应区域。如表 1.1-1 所示，除宝信软件、奥飞数据以外，其他 IDC 服务商基本活跃在北京、上海、广州、深圳四个主要城市。其中，如成都、武汉等新一线城市也存在较高的数据中心建设需求。而北京、上海、广州、深圳等地经济发展水平较高、人口密度大、数据流量大、产业数字化转型需求旺盛，对数据中心的需求及消化能力较强，能够提供更多的数据中心建设机会。

2020 年中国 IDC 第三方服务商规模及业务分布　　　　**表 1.1-1**

公司简称	IDC 业务占比	区域布局	自建 IDC 数量	IDC 机柜数量	主要客户
世纪互娱	100%	北上广深、浙江等	52	53553	阿里、腾讯、美团、京东等
万国数据	99.6%	北上广深、成都等	51	127309	阿里、腾讯、百度、华为等
光环新网	24.7%	北上广深	8	50000	亚马逊、美团、金融机构
数据港	96.3%	北上广深等	25	50060	阿里、腾讯、百度、网易
宝信软件	27.5%	上海、武汉、南京等	—	＞30000	阿里、腾讯、金融机构
鹏博士	27.9%	北上广深、成都等	15	＞30000	新浪、搜狐
奥飞数据	89.3%	广东、北京、海口等	9	16000	阿里、网易、快手

由于我国人口主要集中在东部沿海以及中部地区，人口密度大的区域对于信息需求量也更大，因此现有国内数据中心的分布并不均衡。根据《全国数据中心应用发展指引

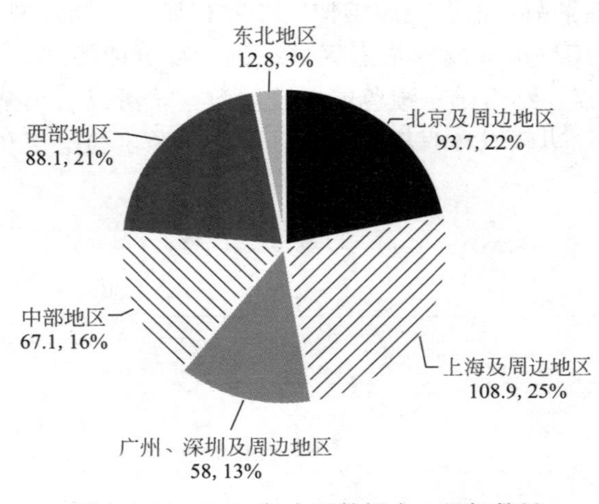

图 1.1-11　2020 年中国数据中心机架数量（单位：万架）分布

（2020）》数据，2020 年中国数据中心机架数为 428.6 万架，其中北京及周边地区 93.7 万架；上海及周边地区 108.9 万架；广州、深圳及周边地区 58 万架；中部地区 67.1 万架；西部地区 88.1 万架；东北地区 12.8 万架，如图 1.1-11 所示。可以看出，数据中心主要集中在人口密度极大的一线城市区域周边，西北地区数据中心数量偏少。而在中部地区，主要机架数集中在湖北、山西；西部地区主要集中在贵州、四川、重庆和甘肃；东北地区内分布较为均衡。因此，数据中心现有分布与地方经济体量、人口密度有着密切联系，随着城镇一体化的逐步建立，该分布将会更加明显。截至 2019 年底，我国数据中心总体平均上架率达到 53.2%。其中北上广深上架率接近 70%，远高于全国平均水平。东部地区上架率远高于中西部地区，但由于近年来资源的转移，中西部数据中心的上架率也呈现稳步提升的态势。

对比 2016 年以来各地区数据中心机架数量的变化，可用机架数均呈现上升趋势。因市场需求旺盛，北京、上海等周边地区机架数稳定增长。广东地区由于其能源资源较为匮乏，能源价格较高，且由于气候因素难以建设节能型数据中心，因此将对时延要求不高的数据中心逐步往周边地区迁移。而中西部地区具有丰富的可再生能源资源，因此将数据中心与西部地区资源匹配，可以有效地促进数据中心低碳节能化进程；同时也可承接大部分数据存储和高延时数据传输，因此中西部地区近年来机架数也呈现增长趋势。不过西部地区数据中心的发展还存在网络环境较差、数据传输速度较慢、管理运维欠缺等问题，还有较大的发展空间和前景。总的来说，全国数据中心的分布呈现均衡的趋势，且东部、中部、西部呈现协同发展的景象。预计广东及周边地区数据中心增量速度将会放缓，而中西部增速将会有明显的提升。

1.1.3　中国数据中心冷却系统概述

1. 数据中心冷却系统市场规模现状

冷却系统新技术的普及和低碳节能绿色数据中心的需求正推动着全球数据中心冷却市场的发展。根据 The Insight Partners 的调查研究，全球数据中心冷却市场规模在 2021 年将达到约 661.878 亿元人民币，并在 2028 年达到约 1655.323 亿元人民币。由于数据中心的发热量很大且要求基本恒温恒湿永远连续运行，因此能适合其使用的空调系统要求可靠性高、制冷量大、小温差和大风量。华经产业研究院的公开资料显示，目前数据中心现有冷却系统依然以机房精密空调为主，国内机房空调市场龙头维谛艾默生技术市场占有率超过了 30%，其次为佳力图，其市场占有率从 2014 年的 8.4%提升到 2019 年的 11.8%，居于国产厂商第一，如图 1.1-12 所示。

根据《2020 年中国数据中心市场报告》，我国大中型数据中心精密空调主要以冷水系

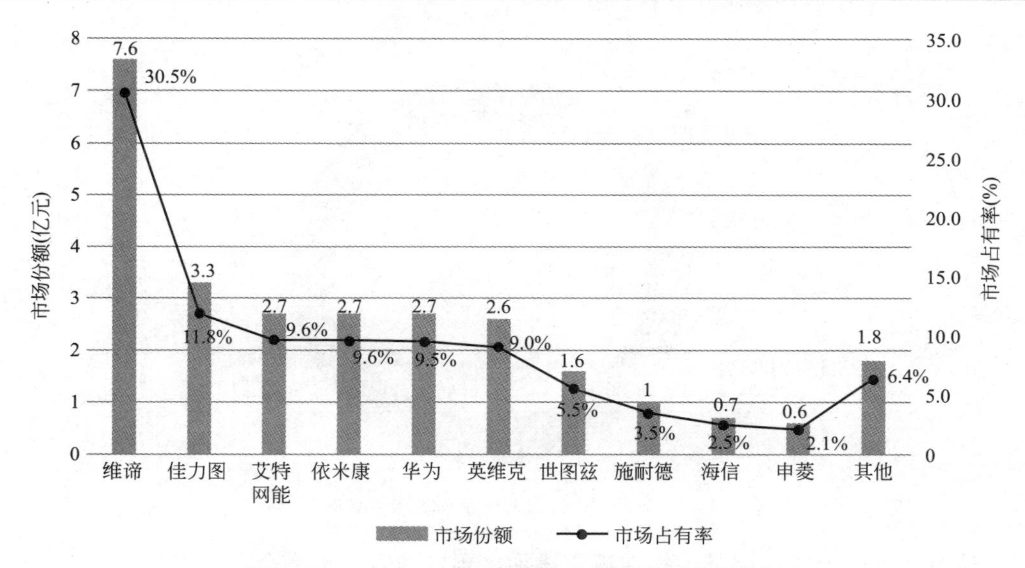

图 1.1-12　2019 年中国数据中心精密空调市场份额

统为主，其占比高达 46%。冷水机组加板式换热器基本成为数据中心建设的标准冷却系统，结合自然冷源的节能化冷却技术也日益成熟。其中大部分冷水系统精密空调的冷机主要以水冷离心式冷水机组为主，其占比高达 60%，除此之外，在响应低碳节能号召下，节能型冷机（例如水冷磁悬浮机组）的占比也开始逐步有所上升，且达到了 5%，但由于其成本较高，因此在普及程度上并不如其他冷机。在冷源利用方面，水冷式已经占据了绝对地位，占比达到了 66%，而风冷式占比只有 34%，预计这一比例差距还会进一步拉大，如图 1.1-13 和图 1.1-14 所示。

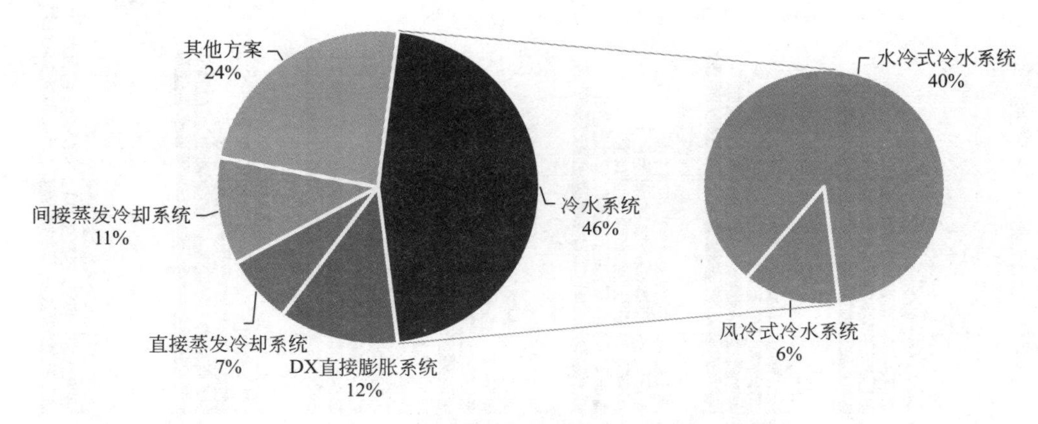

图 1.1-13　2020 年中国大中型数据中心空调方案分布

根据精密空调末端送风区域，可以分为房间级、行级和机柜级。由于房间级空调制冷的建设成本低、方便维护，传统数据中心和中小型数据中心常采用该制冷方式。但随着高功率计算和可变功率密度 IT 设备的应用，房间级制冷系统无法满足更强算力的数据中心冷却需求。为提升制冷效率、缩短气流路径，行级和机柜级等近端制冷方式逐渐在市场中普及。赛迪顾问统计数据显示，从 2016～2019 年，房间级机房空调仍然占据了数据中心冷却市场的主要地位，但占比却在逐年降低。而行级空调和机柜级空调占比与房间级空调

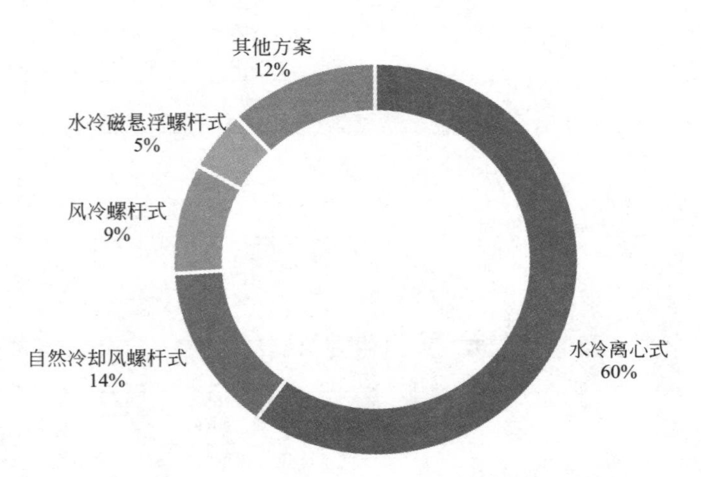

图 1.1-14　2020 年中国大中型数据中心冷机形式

相比仍然有较大的差距，但其占比在逐年增加，预计两者差距将会在未来几年逐渐缩小。

除此之外，新式冷却技术也开始逐渐占据市场，其中增长最快的便是液冷冷却技术，具有取代传统数据中心精密空调的趋势。液冷技术有效提升了服务器的使用效率和稳定性，并可以使数据中心在单位空间里布置更多的服务器。根据《中国液冷数据中心发展白皮书》，国内主流互联网企业一致认为液冷数据中心将会逐渐取代传统数据中心，除华为以外，其他观点均认为液冷数据中心将在 2025 年占比达到 20%以上，且增速超过 25%，如图 1.1-15 所示。根据增速和占比进行换算，保守估计 2025 年液冷数据中心市场规模将达到 1200 亿元以上，如图 1.1-16 所示。

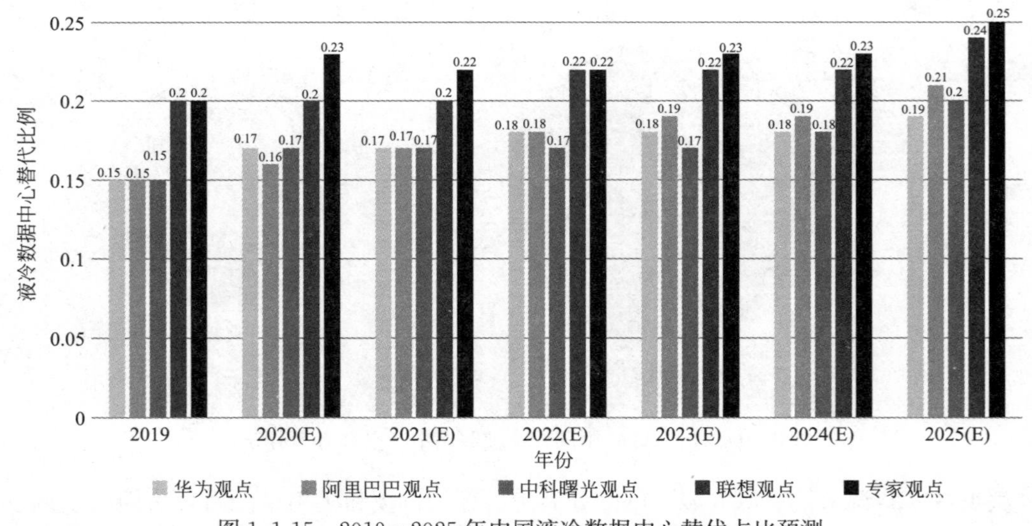

图 1.1-15　2019～2025 年中国液冷数据中心替代占比预测

注：图中 E 表示预测值。

在“碳达峰”“碳中和”目标的推动下，利用自然冷源蒸发冷却技术作为节能产品的代表，具有高效能、低能耗的优点，也越来越受到数据中心行业的关注和认可。间接蒸发冷却技术在应对低碳节能数据中心改造中具有重要地位，具有非常强的可推广前景。

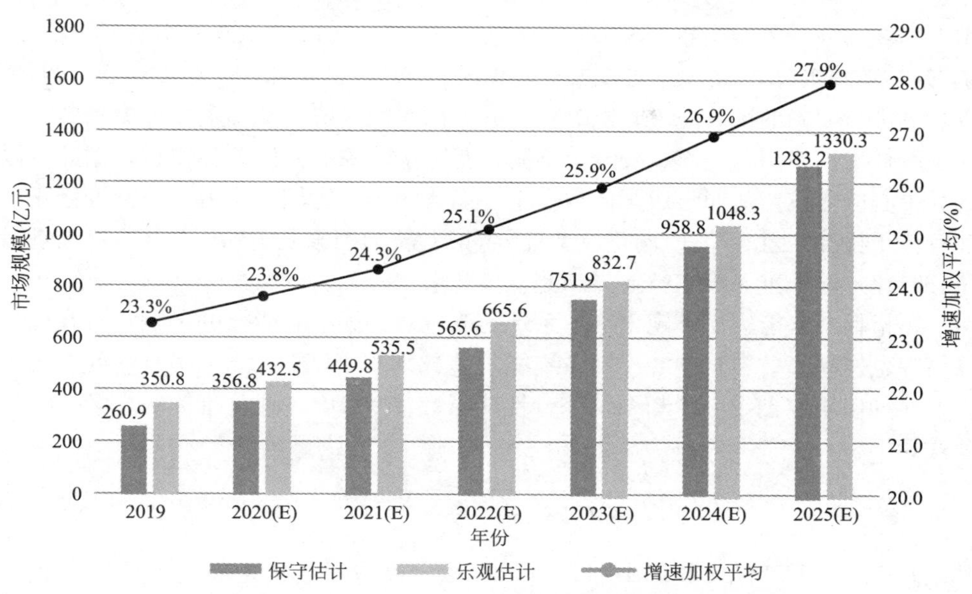

图 1.1-16　2019～2025 年中国液冷数据中心市场规模趋势

注：图中 E 表示预测值。

2. 数据中心冷却系统能效评价指标

数据中心冷却系统能耗占比达到了整个数据中心总能耗的 40%左右，相较于服务器等电子设备，冷却系统是目前数据中心节能改造可行性最高的一部分。为了合理评估数据中心能耗，以准确体现冷却系统节能成效，需要设定可通用的数据中心能效评价指标。目前最为流行的评价指标为数据中心用能效率（Power Usage Effectiveness，*PUE*），该指标为 ASHRAE 和美国绿色网格组织（TGG）在 2007 年提出，被广泛应用于国内外数据中心能效评价。根据 TGG 的定义，*PUE* 计算公式如下：

$$PUE = P_{t}/P_{IT} \tag{1.1-1}$$

式中　P_{t}——数据中心全年总耗电量；

P_{IT}——数据中心 IT 设备全年耗电量。

数据中心 IT 设备的耗电量包含在数据中心总耗电量内，所以 *PUE* 是一个大于 1 的数值，*PUE* 值越接近于 1，数据中心越节能。除此之外，TGG 还提出了另外一个水分利用率（Water Usage Effectiveness，*WUE*）指标用于帮助数据中心测量用于冷却和其他建筑所需的设施所使用的水量与用电量的比例：

$$WUE = W_{t}/P_{IT} \tag{1.1-2}$$

其中，W_{t} 为数据中心全年耗水量，水使用量包括用于冷却的水、调整湿气和发电的水。该指标能够让工作人员更好地了解和衡量对水资源的使用。虽然 *PUE* 指标运用普遍，但美国乃至整个国际对 *PUE* 的评价褒贬不一。原始 *PUE* 是一个片面的指标，有一定的局限性，最为突出的问题是在采用虚拟化技术降低设备耗电时并不会同程度地降低数据中心总耗电，*PUE* 值反而会变大。但由于其他提出的新科学指标计算较为复杂，很难被接受利用。因此 *PUE* 仍是目前数据中心能效评价的最重要的指标标准。

国内意识到 *PUE* 评价存在的片面性和随意性问题，在 2016 年发布的《数据中心　资

源利用　第 3 部分：电能能效要求和测量方法》GB/T 32910.3—2016 中参照 *PUE*，重新提出了 *EEUE*（Electric energy usuage effectiveness）评价指标，并对 *EEUE* 的测量以及计算方法等进行明确的统一规定，同时在充分考虑我国国情的基础上，考虑到各区域数据中心的制冷技术、使用负荷率、安全等不同，制定了能源效率值调整模型，据此可以实现不同数据中心的比较，从而形成国内数据中心能效的统一比较。但由于该标准修正模型的准确性有待于检验，且 *EEUE* 调整模型将影响 *PUE* 的因素及 *PUE* 不可简单地进行比较的本质公开化，该标准并没有被业界广泛宣传和采用。

但上述指标并未能突出体现出冷却系统的改造对数据中心能效的影响，且在国内数据中心评估中也发现高效数据中心冷却系统能效差异采用 *PUE* 区分不明显的问题。因此业内提出了一种使用数据中心冷却系统综合性能系数（*GCOP*）评价指标的方案，*GCOP* 的计算公式如下：

$$GCOP = \frac{E_{\mathrm{cost}_{\mathrm{DC}}} - E_{\mathrm{cost}_{\mathrm{CS}}}}{E_{\mathrm{cost}_{\mathrm{CS}}}} \tag{1.1-3}$$

其中，$E_{\mathrm{cost}_{\mathrm{DC}}}$ 不仅包括数据中心市电供电量，也包括数据中心配置的发电机的供电量；$E_{\mathrm{cost}_{\mathrm{CS}}}$ 为制冷全年系统能耗。由于数据中心制冷系统提供的冷量难以测量，*GCOP* 实际以耗电量替代数据中心冷却系统的冷负荷。为了更好地指导高效数据中心的建设，采用 *GCOP* 方法时，综合对选址和冷却系统改造的指导意义，提出根据区域分级别要求的方案。目前，已有部分数据中心响应新标准的推行（见图 1.1-17），采用数据冷却系统 *GCOP* 评价系统能效，然而，该评价指标仍然需要进行实践检验和改进。

分区	城市	能效等级一级		能效等级二级		能效等级三级	
		GCOP≥	预期*PUE*	*GCOP*≥	预期*PUE*	*GCOP*≥	预期*PUE*
I区	海口	7.30	1.217	5.10	1.316	3.18	1.512
	台北	7.71	1.209	5.27	1.309	3.25	1.504
	南宁	8.14	1.201	5.50	1.300	3.29	1.499
	广州	8.25	1.200	5.50	1.300	3.30	1.499
	福州	8.75	1.192	5.83	1.289	3.45	1.483
II区	重庆	9.34	1.185	6.12	1.280	3.50	1.478
	南昌	9.41	1.184	6.38	1.272	3.75	1.456
	武汉	9.63	1.181	6.55	1.268	3.88	1.446
	长沙	9.71	1.180	6.45	1.271	3.75	1.457
	杭州	9.73	1.180	6.55	1.268	3.85	1.448
	成都	9.78	1.179	6.44	1.271	3.76	1.455
	合肥	9.79	1.179	6.65	1.265	3.94	1.442
	上海	9.92	1.178	6.61	1.266	3.83	1.450
	南京	10.20	1.175	6.80	1.262	4.03	1.436
III区	贵阳	10.07	1.176	6.73	1.263	3.90	1.445
	昆明	10.73	1.170	6.94	1.259	3.90	1.445
IV区	郑州	10.63	1.171	7.19	1.253	4.28	1.418
	西安	10.79	1.169	7.17	1.253	4.26	1.420
	济南	10.91	1.168	7.30	1.251	4.32	1.416
	石家庄	11.08	1.167	7.42	1.248	4.41	1.411
	天津	11.10	1.166	7.40	1.249	4.42	1.410
	北京	11.45	1.163	7.63	1.244	4.54	1.403
	沈阳	12.04	1.159	8.00	1.237	4.74	1.393
	太原	12.22	1.158	8.05	1.237	4.76	1.391
V区	长春	12.82	1.153	8.55	1.229	5.00	1.380
	银川	12.82	1.153	8.45	1.230	4.96	1.382
	哈尔滨	12.83	1.153	8.53	1.229	5.07	1.377
	兰州	13.00	1.152	8.45	1.230	4.89	1.385
	呼和浩特	13.43	1.150	8.84	1.224	5.14	1.374
	乌鲁木齐	13.87	1.147	8.83	1.225	5.11	1.375
	西宁	15.43	1.139	9.76	1.213	5.46	1.361
	拉萨	17.11	1.133	10.92	1.201	5.57	1.356

图 1.1-17　中国部分城市数据中心 *GCOP* 与 *PUE* 值对比

除此之外，还有专门用于评估数据中心制冷能耗与IT设备能耗比例的评价指标，即制冷负载系数（Cooling Load Factor，*CLF*）。*CLF* 定义为数据中心中制冷设备耗电与IT设备耗电的比值。*CLF* 可以看作对 *PUE* 的补充和深化，通过分别计算该指标，可以进一步深入分析数据中心制冷系统的能源效率。

1.1.4　中国数据中心能效现状及态势

目前传统数据中心冷却系统面临着几大关键问题：(1) 传统制冷系统能耗大；(2) 传统制冷系统部署周期长；(3) 传统制冷系统复杂；(4) 传统制冷系统运维费用高。中数智慧信息技术研究院《2020年中国数据中心市场报告》显示，我国数据中心CLF处于0.15～0.25区间的占比最多达到33%，处于0.01～0.1区间的占比仅为5%，如图1.1-18所示。该比例说明了我国数据中心制冷系统的能耗依然有较大的提升空间，且低制冷能耗需求依然很大。

根据工业和信息化部信息通信发展司《全国数据中心应用发展指引》，我国现有数据中心 *PUE*＞1.5的占比达到了37%，主要 *PUE* 处于1.3～1.5，但 *PUE* 低于1.2的约为0，与发达国家存在较大差距。随着自然冷却技术的应用，预计在未来1～2年内，新建数据中心 *PUE* 将会持续降低，如图1.1-19所示。而根据工业和信息化部最新出台的《新型数据中心发展三年行动计划（2021—2023年）》所提出的目标来看，在2021年底，新建大型及以上数据中心 *PUE*

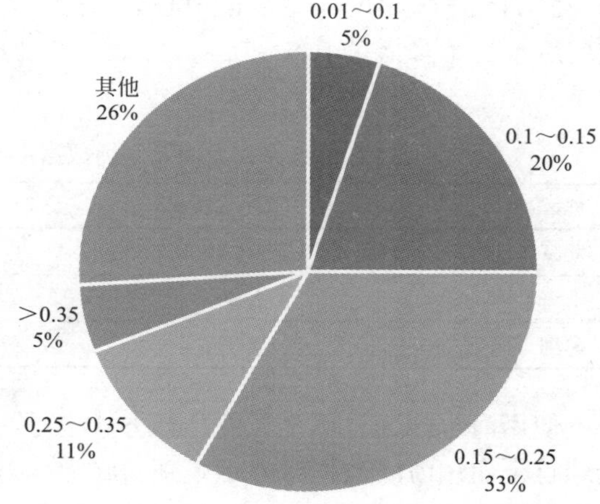

图1.1-18　2020年中国数据中心 *CLF* 分布

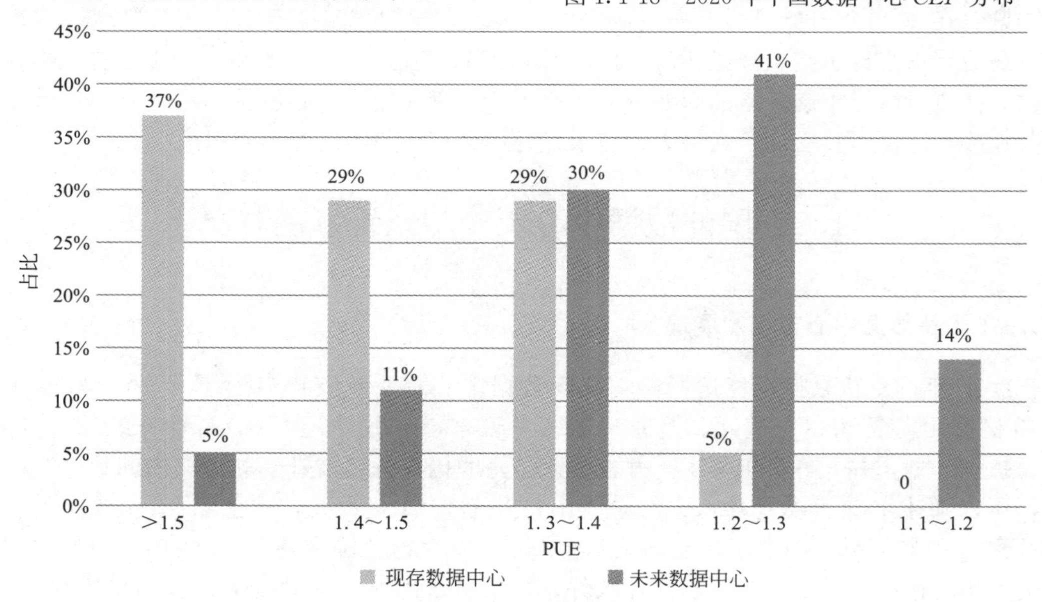

图1.1-19　2019年及未来两年中国数据中心 *PUE* 分布

要降到 1.35，且到 2023 年底，新建大型及以上数据中心 *PUE* 降到 1.3 以下，严寒和寒冷地区力争降到 1.25 以下。除此之外，各个地区也对新建数据中心 *PUE* 提出了较为严格的规定，广东省规划到 2022 年，全省数据中心 *PUE* 不得超过 1.3，到 2025 年，*PUE* 不得超过 1.25，对于低 *PUE* 数据中心将会支持新建扩建，对于不符合 *PUE* 要求的数据中心将会禁止新建扩建；上海市对数据中心冷水使用也提出了一定限制，规定新建数据中心 *WUE* 在第一年不得高于 1.6，在第二年不得高于 1.4。

为实现数据中心规划 *PUE* 目标，现有技术主要针对数据中心冷却系统进行节能改造。目前节能效果最为突出的便是使用自然能源的间接蒸发冷却系统。在中国，越往北方可利用的自然冷源的时间越长，即使在夏季，依然可用利用蒸发冷却方式降低室外空气以冷却机房设备；即使在极端炎热天气下，也能够利用压缩机制冷方式来进行辅助冷却，而不需要大量冷水循环设备和耗水量。根据华为《数据中心能源白皮书》数据，针对北京、上海、深圳三个城市的典型数据中心分析计算，其 *PUE* 在使用间接蒸发冷却技术后相较于使用冷水技术降低了 0.6～0.7，如表 1.1-2 所示。证明使用自然冷源的具有可靠的节能效果。

北京、上海及深圳数据中心两种冷却技术 *PUE* 对比 **表 1.1-2**

地区	*PUE*（冷水技术）	*PUE*（间接蒸发冷却技术）
北京	1.27	1.21
上海	1.30	1.23
深圳	1.32	1.25

使用海水作为自然冷源的冷却方式也是一种较为新型的数据中心冷却方案。2021 年，全球首个商用海底数据中心示范项目在海南开始实施。由于海南的自然气候导致传统的陆上数据中心很难达到 *PUE* 小于 1.4 的要求，而采用间接蒸发冷却技术又会面临淡水匮乏的问题。在 2020 年开始进行的海底数据中心解决方案的实践探索中，在珠海高栏港布放的海底数据中心样机测试样机 *PUE* 达到了 1.076，属于国际一流水平，且经过专业机构检测，样机对海洋生态环境的影响可以忽略不计。海底数据中心虽然才刚刚起步，但是由于其在冷却层面所具有的巨大潜力，在未来必然会有一定的发展和应用。

1.2 国外数据中心及冷却系统发展状况

1.2.1 国外数据中心市场发展现状

2020 年，受新冠肺炎疫情影响，全球数据中心总系统支出有所下降，由 2019 年的 2149 亿美元降至 2083 亿美元。但进入 2021 年以来，中小型企业开始逐渐恢复数据中心建设及扩展计划，并允许员工复工，并且超大型企业仍在持续推进全球范围内的数据中心建设，所以预计 2021 年数据中心系统总支出将升至 2191 亿美元，占全球 IT 产业支出比例将达到 5.83%（见图 1.2-1）。从增长速度来看，在全球范围内的 IT 市场中，数据中心系统的支出增速高居第二，第一是企业软件，并预期 2021 年数据中心系统支出将达到 5.2%（见图 1.2-2）。

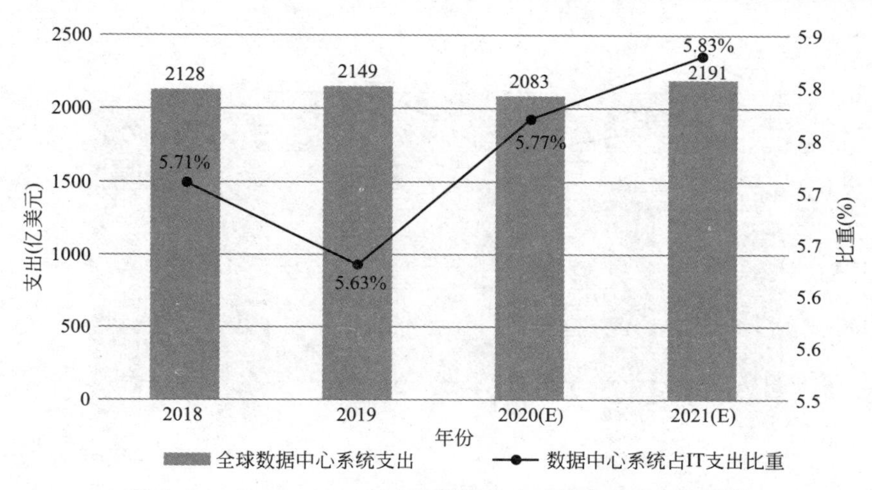

图 1.2-1 2018～2021 年全球数据中心系统支出及占比情况

注：图中 E 表示预测值。

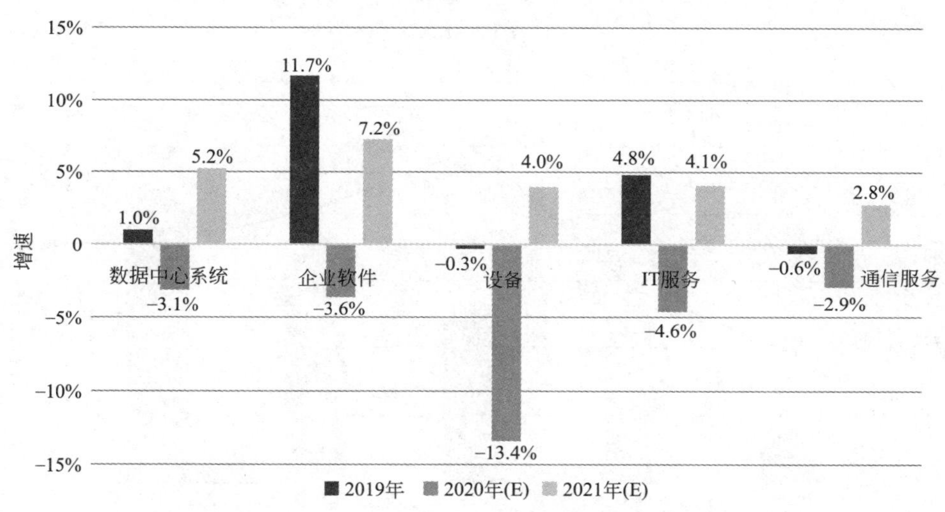

图 1.2-2 2019～2021 年全球 IT 支出各细分市场增速对比

注：图中 E 表示预测值。

从投资情况来看，世界上发达国家及大部分发展中国家的企业均先后转型，并向数字化方向发展，因此全球数据中心的 IT 投资规模逐年增长，并且速度持续加快。CCID 的统计数据显示，2019 年全球数据中心的投资规模已达到 2675 亿美元，相较 2018 年增长了 7.1%。前瞻产业研究院根据行业发展现状以及历年规模增速测算得到，2020 年全球数据中心行业的市场规模预计超过 2800 亿美元（见图 1.2-3）。

从并购交易情况来看，在 2019 年，全球数据中心产业的并购交易总量在 100 笔以上，相较于 2018 年增长了 47%。除此之外，2020 年前四个月的全球数据中心产业的并购交易总额就已经超过了 2019 年全年的交易总额。可以看出，全球数据中心市场近年来发展变化迅速，并购交易十分活跃（见图 1.2-4）。值得一提的是，2015～2019 年，全球领先的两家数据中心运营商 Digital Realty 和 Equinix 是最大投资者，发生在这两家公司的并购交易额就占到了总交易额的 31%。

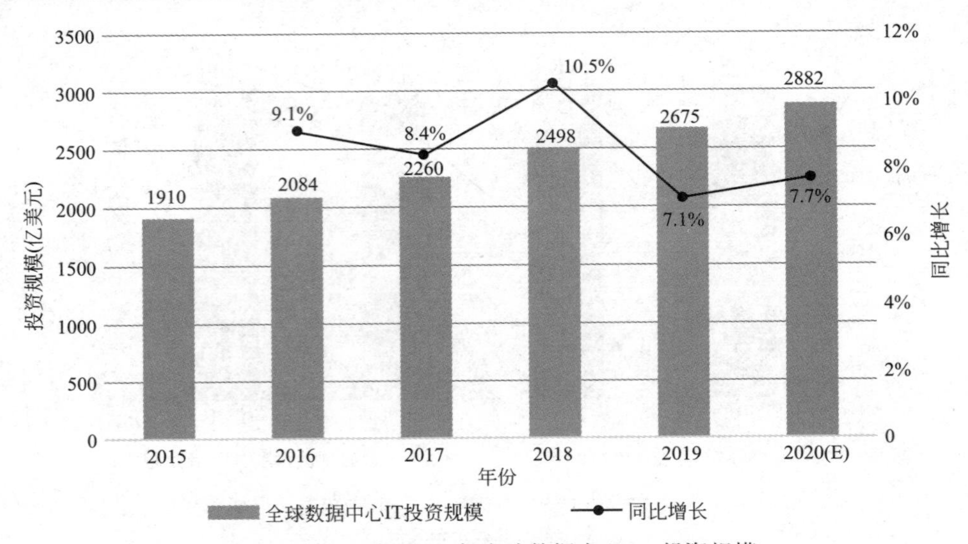

图 1.2-3　2015～2020 年全球数据中心 IT 投资规模

注：图中 E 表示预测值。

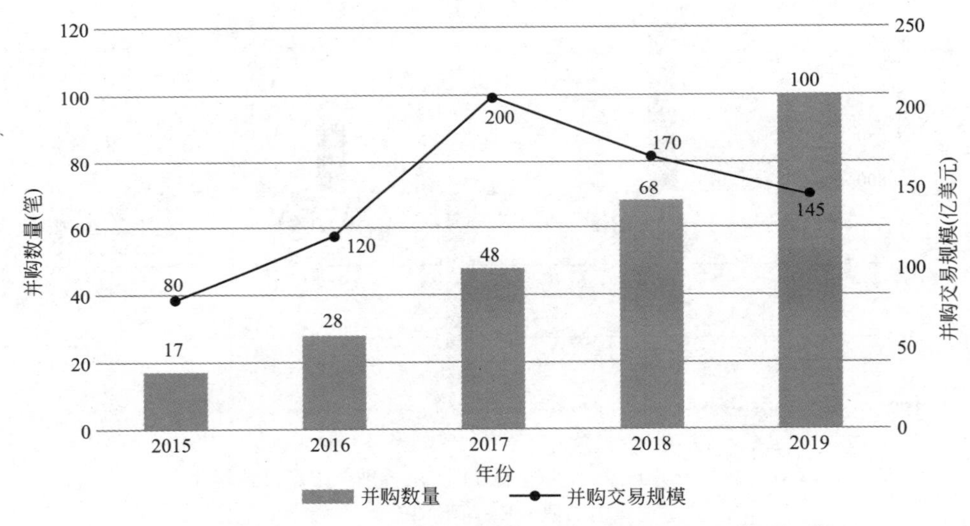

图 1.2-4　2015～2019 年全球 IDC 行业并购交易数量及规模增长情况

1.2.2　国外数据中心分布现状及发展态势

根据前瞻产业研究院《2021 年全球数据中心发展现状与市场规模分析》及《2020 年全球 IDC 行业市场规模及发展前景分析》统计，自 2010 年以来，全球数据中心数量平稳增长。但从 2017 年开始，全球范围内的数据中心均开始向着大型化、集约化发展，许多中小型数据中心被并购交易，所以全球数据中心的数量截至 2017 年底缩减到了 44.4 万个，并开始逐年缩减，至 2019 年缩减至 42.9 万个。因此，自 2017 年开始，全球范围内的超大规模数据中心数量随行业集中度的提升总体呈平稳增长态势。2017 年，全球超大规模数据中心数量仅有 246 个，但到了 2019 年，随着数据中心产业不断并购交易，全球超大规模数据中心数量已经达到了 447 个，预计 2020 年此数量将达到 485 个（见图 1.2-5）。

从机架规模的角度来看，2015 年，全球数据中心机架数量为 637.4 万架，此后逐年攀升，直到 2019 年，全球数据中心机架数量达到了 750.3 万架，年均复合增长率达到了 4.16％（见图 1.2-6）。以上数据表明，虽然全球范围内的数据中心数量逐渐减少，但数据中心建设速度总体依旧呈增长态势。

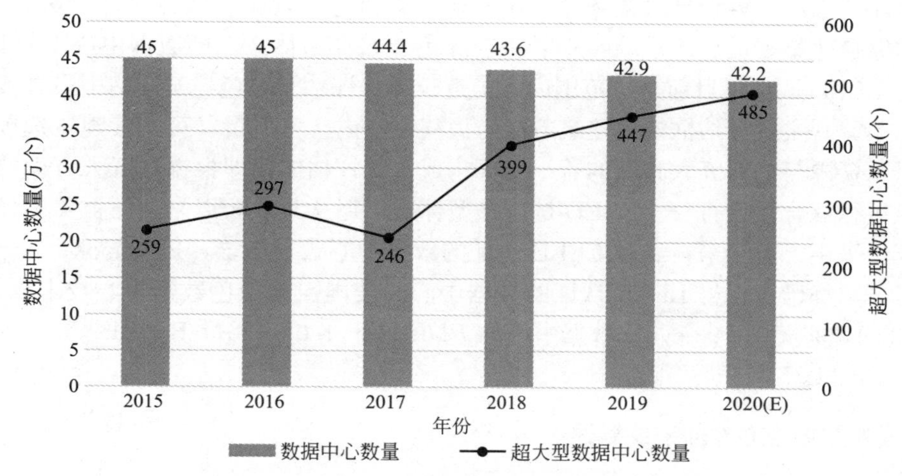

图 1.2-5　2015～2020 年全球数据中心数量及预测

注：图中 E 表示预测值。

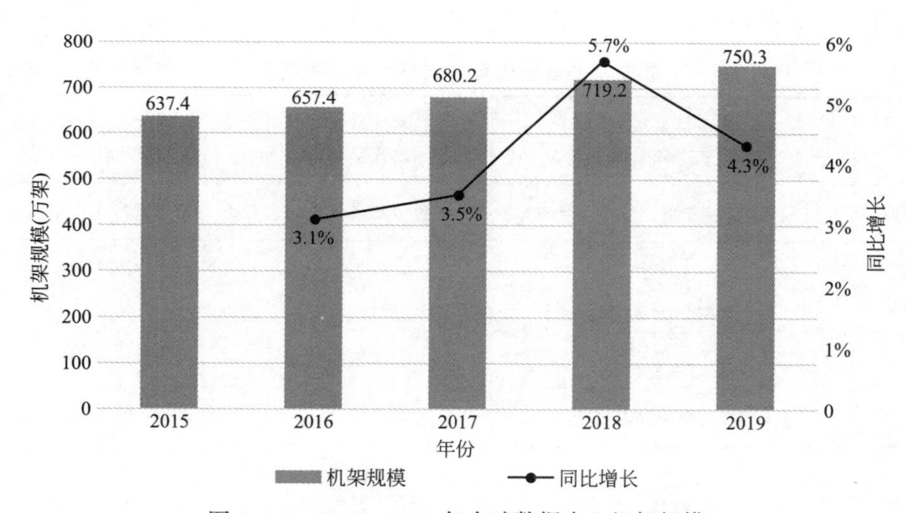

图 1.2-6　2015～2019 年全球数据中心机架规模

从区域分布情况来看，全球范围内数据中心的选址都在经济发达、数字化程度高并且人口密集的地区。以美国为例，其一半以上的数据中心均建设在纽约、芝加哥、加利福尼亚、弗吉尼亚、达拉斯、菲尼克斯等经济发达的地区，并且机架上架率接近 90％。同样，欧洲绝大多数数据中心都建设在巴黎、阿姆斯特丹、伦敦及法兰克福等地区，但欧洲国家人口众多，随着数据中心产业的不断发展，土地资源、电力资源等配套资源愈发紧张，故有一部分大型企业也开始将目光放在地广人稀的北欧地区。目前，谷歌、微软均在北欧地区如芬兰、挪威建设有数据中心。

从发展态势来看，目前全球数据中心都在朝着集约化、绿色化、节能化方向发展。以美国为例，美国是全球最早开始探索绿色数据中心技术的国家，自 2009 年开始，美国环境保护署就开始推行“能源之星”数据中心计划，其定义了一系列的能源使用、效率要求、存储系统和大型网络设备的规范。这些要求主要集中在提高整体服务器的能源效率、降低整体功耗方面，特别是对服务器空闲时的功耗进行了规定。除此之外，从 2003 年开始，美国绿色建筑委员会便推动建立了一套绿色建筑评估体系，即数据中心 LEED 认证。数据中心 LEED 认证是目前全球范围内各类建筑环保评估及绿色建筑评估中最具威信的一个评估体系，其主要评估框架由建筑节能与大气、室内空气质量、可持续建筑选址、水资源利用以及资源与材料五大方面的若干指标构成。此评估体系即根据这五大方面的若干指标对建筑进行综合评价打分。LEED 是自愿型标准，但从其发布以来，已被美国各州和其他国家广泛采用。近年来，经过 LEED 认证的数据中心数量激增，Facebook、Apple、Internap 等公司都已有获得 LEED 认证的数据中心。美国探索绿色数据中心技术成果显著，目前，Facebook 美国 Prineville 数据中心的 *PUE* 低于 1.08，谷歌 Berkeley 数据中心年均 *PUE* 达到 1.11。

1.2.3 国外数据中心冷却系统概述

数据中心的常规冷却系统主要包括风冷型直接蒸发式空调系统、水冷型直接蒸发式空调系统及冷水型机房空调系统等。这些常规冷却系统的室内机均为高效、灵活、可靠的机房精密空调，且有各自的特点与适用场合，见表 1.2-1。

数据中心常规冷却方式特点与适用场合 **表 1.2-1**

系统类型	风冷型直接蒸发式空调系统	水冷型直接蒸发式空调系统	冷水型机房空调系统
复杂程度	系统简单,安装方便,室外机易于布局	需布置冷却塔及空调水系统	需布置冷水机组及空调水系统
室外所需安装空间	较大	较小	较小
初投资	较低	较高	较高
运行稳定性	较差,夏季易高温报警	较好	较好,但水进机房
制冷效率 维护成本	较低 较高	较高 较低	最高 最低
适用范围	小型数据中心	改建的或缺乏室外安装空间的数据中心	大型新建数据中心

但表 1.2-1 所示三种数据中心常规冷却系统均存在三个缺点。第一，系统能耗居高不下，能源利用率低，*PUE* 一般高达 2.0；第二，在送风系统中，冷热通道开放或封闭不严，会影响制冷效果；第三，由于空调位置摆放不均以及送风距离不够等原因，会产生局部热点问题。

近年来，国内外学者提出并研究了利用自然冷源来冷却数据中心的新型冷却方式。数据中心的自然冷却技术主要包括风侧自然冷却和水侧自然冷却。目前，自然冷却被认为是实现数据中心节能的最有效方法之一，具有广阔的发展潜力。在国外，以 Facebook 云计算数据中心为代表的许多数据中心均结合了自然冷却技术的案例，将 *PUE* 降低至 1.4 以下。自然冷却技术虽然不需要精密空调机房来进行机械制冷，能耗相较于传统冷却系统来说相当少，但选址时对周围的地理环境以及气候的要求十分严苛，是当前自然冷却技术应用的核心问题之一。

目前，使用空气冷却的传统数据中心冷却系统虽然应用最为广泛，但系统效率低下，而且会浪费大量的水和能源。与空气冷却相比，液体冷却可以通过缩短热流路径来节约能源，提升效率，而且处理热点问题也更为容易，是许多专家学者强烈推荐的方法，也是未来数据中心冷却系统的发展趋势之一。而基于冷板的液体冷却系统虽然提供了一个将热量从电子元件转移到冷却剂的平台，但冷板的安全性和可靠性在整个系统的设计和集成中还需要进一步研究。

数据中心冷却系统的发展正处于十字路口，使用空气冷却系统或者使用液体冷却系统成为两种不同的选择，但液体冷却系统可以通过液体直接导向热源带走热量，散热效率更高、更加节能，优点显著，所以已逐渐成为数据中心冷却技术的新方向。

1.2.4　国内外数据中心能效比较

《重新校准全球数据中心能耗估算》中的数据显示，2018 年全球已安装的数据中心存储容量相比于 2010 年增长了 550%，但耗电量却仅仅增长了 6%。除此之外，全球数据中心的能耗情况从 2010 年起便以每年 20%的比例持续下降，冷却系统、供电系统等配套设施的优化持续推动 *PUE* 降低，数据中心总体能效水平提高，如图 1.2-7 所示。

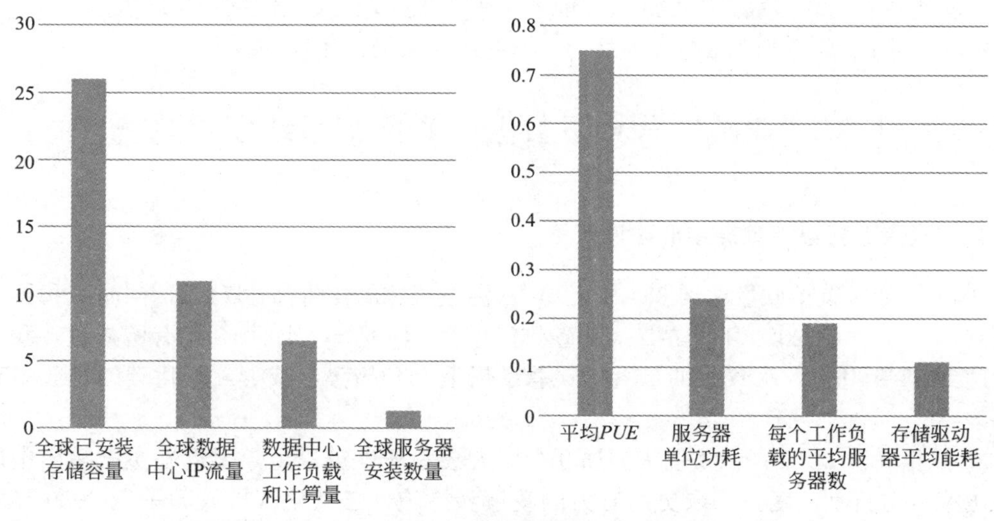

图 1.2-7　2010～2018 年全球数据中心能耗驱动因素变化情况

注：图中数据为 2018 年数据/2010 年数据。

根据全球调研数据显示，截至 2020 年，受访数据中心平均最大 *PUE* 为 1.59，总体呈逐年下降态势，这表明全球数据中心能效水平提高显著。目前，全球数据中心的平均 *PUE* 在 1.5 左右（见图 1.2-8）。

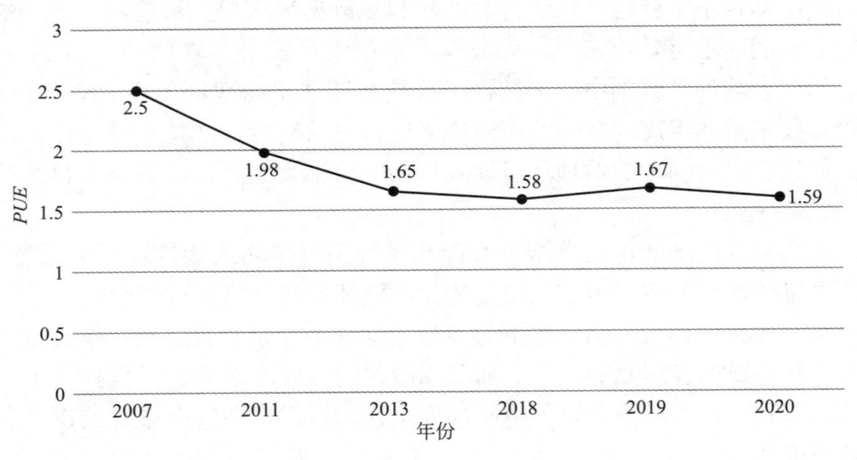

图 1.2-8 2007～2020 年受访数据中心 *PUE* 情况

在国外，对于提升数据中心能效，实现更加节能、绿色的数据中心的研究始终在进行。以美国为例，2010～2019 年，美国政府通过美国联邦数据中心整合计划等一系列措施，在十年间将数据中心数量减少了 7000 个，降幅约 50%；值得一提的是，接近 50%的大型数据中心的 *PUE* 均从 2.0 以上降至 1.5 甚至 1.4 以下，优化成果显著。

国外的许多数据中心还采取了各种各样的绿色节能措施来降低 *PUE*，如 Facebook 建在美国俄勒冈州的数据中心便通过在数据中心的顶部修建巨大的通风系统和蒸发间来散热，其 *PUE* 在 1.05～1.10 左右；Verne Global 建在冰岛雷雅内斯巴的数据中心直接利用冰岛的寒冷天气对设备降温，并利用当地成本较低的水资源供电，其 *PUE* 在 1.2 左右。与国外相比，目前我国数据中心的整体能效水平较低，现有数据中心 *PUE* 大多处于 1.3～1.5 之间，但 *PUE* 低于 1.2 的基本为 0，与发达国家仍存在较大差距。

1.3 “双碳”背景下数据中心冷却系统发展趋势

1.3.1 “双碳”背景下数据中心建设政策

2019 年全球碳排放量达到 364.4 亿 t，占温室气体的比重高达 74%，同时，我国碳排放达到 98.06 亿 t。2020 年世界二氧化碳排放量为 340 亿 t，比 2019 年有所减缓，我国碳排放达到 98.94 亿 t。大气中的二氧化碳总量仍呈上升趋势，减少二氧化碳的排放量刻不容缓。

2020 年 9 月 22 日，在第七十五届联合国大会一般性辩论上，习近平主席指出中国将提高国家自主贡献力度，采取更加有力的政策和措施，二氧化碳排放力争于 2030 年前达到峰值，努力争取 2060 年前实现碳中和。之后，我国陆续出台政策加快“双碳”进程。2020 年 12 月，中央经济工作会议将“做好碳达峰、碳中和工作”列为 2021 年的重点任务之一。2021 年 3 月，国务院政府工作报告中指出将制定 2030 年前碳排放达峰行动方案，推进优化产业结构和能源结构，大力发展新能源。表 1.3-1 中展示了我国为推进“双碳”进程而召开的会议及出台的一些政策法规。

我国为推进"双碳"进程而出台的部分政策　　表1.3-1

时间	政策/会议名称	主要内容
2020年8月	《生态环境部约谈办法》	明确将"未完成国家下达的碳排放强度控制目标任务"纳入约谈情形
2020年9月	第七十五届联合国大会期间	二氧化碳排放力争于2030年前将达到峰值，努力争取2060年前实现碳中和
2020年12月	中央经济工作会议	我国二氧化碳排放力争2030年前达到峰值，力争2060年前实现碳中和，要抓紧制定2030年前碳排放达峰行动方案，支持有条件的地方率先达峰
2020年12月	全国发展和改革工作会议	部署开展碳达峰、碳中和相关工作，推进长三角生态绿色一体化发展示范区制度创新，抓好长江经济带生态环境突出问题整改，推动黄河流域生态保护和高质量发展
2020年12月	全国能源工作会议	着力提高能源供给水平，加快风电光伏发展，稳步推进水电核电建设，大力提升新能源消纳和储存能力，深入推进煤炭清洁高效开发利用，进一步优化完善电网建设
2021年1月	《关于统筹和加强应对气候变化与生态环境保护相关工作的指导意见》	鼓励能源、工业、交通、建筑等重点领域制定达峰专项方案，推动钢铁、建材、有色、化工、石化、电力、煤炭等重点行业提出明确的达峰目标并制定达峰行动方案
2021年2月	《碳排放权交易管理办法（试行）》	将交易范围由此前的8个试点地区推向全国，并增加罚则条款，碳减排决心坚定
2021年3月	2021年国务院政府工作报告	扎实做好碳达峰、碳中和各项工作，制定2030年前碳排放达峰行动方案

在国家进行宏观调控的同时，各级政府也在推进碳中和、碳达峰的进程。上海市"十四五"规划中提出，将制定全市碳排放达峰行动计划，着力推动电力、钢铁、化工等重点领域和重点用能单位节能降碳，确保在2025年前实现碳排放达峰。在各省份2021年的政府工作报告中，均提出相关政策推进碳达峰进程。海南省提出在"十四五"期间将实行减排降碳协同机制，实施碳捕集应用重点工程，提前实现碳达峰。江苏省提出要大力发展绿色产业，加快推动能源革命，促进生产生活方式绿色低碳转型，力争提前实现碳达峰。福建省制定实施二氧化碳排放达峰行动，支持厦门、南平等地率先达峰，推进低碳城市、低碳园区、低碳社区试点。

在碳中和政策的影响下，国家及地方陆续出台一系列政策推进节能型数据中心建设，对数据中心的*PUE*提出了明确的指标，提出强化数据中心能源配套机制，推进建设绿色数据中心，实现数据中心行业碳减排。

国家自2019年起发布了一系列推进绿色数据中心建设的政策，包括《关于加快构建全国一体化大数据中心协同创新体系的指导意见》等，这些政策对数据中心*PUE*的上限做出了明确规定，提出要打造一批绿色数据中心先进典型，加快数据中心、网络机房绿色建设和改造，建立绿色运营维护体系。表1.3-2中列出了自2019年起国家出台的政策及内容。

数据中心建设政策 表 1.3-2

时间	政策	内容
2019 年 1 月	《关于加强绿色数据中心建设的指导意见》	打造一批绿色数据中心先进典型，形成一批具有创新性的绿色技术产品、解决方案，培育一批专业第三方绿色服务机构，到 2022 年，数据中心平均能耗基本达到国际先进水平，新建大型、超大型数据中心的电能使用效率达到 1.4 以下
2020 年 12 月	《关于加快构建全国一体化大数据中心协同创新体系的指导意见》	强化数据中心能源配套机制，探索建立电力网和数据网联动建设、协同运行机制，进一步降低数据中心用电成本。东西部数据中心实现结构性平衡，大型、超大型数据中心运行电能利用效率降到 1.3 以下
2021 年 2 月	《国务院关于加快建立健全绿色低碳循环发展经济体系的指导意见》	加快信息服务业绿色转型，做好大中型数据中心、网络机房绿色建设和改造，建立绿色运营维护体系
2021 年 5 月	《全国一体化大数据中心协同创新体系算力枢纽实施方案》	以数据中心集群布局等为抓手，加强绿色数据中心建设，强化节能降耗要求。推动数据中心采用高密度集成高效电子信息设备、新型机房精密空调、液冷、机柜模块化、余热回收利用等节能技术模式。在满足安全运维的前提下，鼓励选用动力电池梯级利用产品作为储能和备用电源装置。加快推动老旧基础设施转型升级，完善覆盖电能使用效率、算力使用效率、可再生能源利用率等指标在内的数据中心综合节能评价标准体系
2021 年 7 月	《新型数据中心发展三年行动计划（2021—2023 年）》	建立健全绿色数据中心标准体系，研究制定覆盖 *PUE*、可再生能源利用率等指标在内的数据中心综合能源评价标准。鼓励企业发布数据中心碳减排路线图，引导数据中心企业开展碳排放核查与管理，加快探索实现碳中和目标。建立绿色数据中心全生命周期评价机制，完善能效监测体系，实时监测 *PUE*、水资源利用效率（*WUE*）等指标，深入开展工业节能监察数据中心能效专项监察。组织开展绿色应用示范。打造一批绿色数据中心先进典型，形成优秀案例集，发布具有创新性的绿色低碳技术产品和解决方案目录

继国家宏观调控政策出台后，各级地方政府随之发布绿色数据中心建设相关政策。以北上广深为代表的一线城市推出节能减排政策，在限制能耗总量的基础上大力推进绿色数据中心建设。2020～2021 年，北京市先后出台《北京市加快新型基础设施建设行动方案（2020—2022 年）》《北京市数据中心统筹发展实施方案（2021—2023 年）》，提出要积极推进绿色数据中心建设，强化存量数据中心绿色技术应用和改造，推进氢能源、液体冷却等绿色先进技术应用；鼓励使用中水、再生水，推进水资源循环利用，强化清洁、可再生能源使用，加大全市数据中心可再生能源利用量占比；在新建新型数据中心时遵循总量控制，缩减存量低效率小规模数据中心，发展大型数据中心。

表 1.3-3 中展示了自“双碳”目标提出以来，部分地方政府推出的绿色数据中心建设政策及具体内容。

部分地方政府出台的绿色数据中心建设相关政策　　表 1.3-3

地区	时间	政策名称	政策内容
上海	2020 年 5 月	《上海市推进新型基础设施建设行动方案（2020—2022 年）》	新增数据中心 *PUE* 不得超过 1.3，建设 E 级高性能数据中心
	2021 年 4 月	《关于做好 2021 年本市数据中心统筹建设有关事项的通知》	积极采用绿色节能技术，提升数据中心能效水平，新建项目综合 *PUE* 控制在 1.3 以下，改建项目综合 *PUE* 控制在 1.4 以下；支持探索数电联营模式，发挥电厂资源综合优势，为新建数据中心提供电力、蒸汽、水等资源服务，提升能源使用效率
	2021 年 4 月	《上海市互联网数据中心建设导则（2021 版）》	“十四五”期间，统筹全市数据中心规模、布局、用能，形成“满足必需、功能聚焦、布局均衡、高效绿色、性能突出”的数据中心发展格局。新建大型数据中心 *PUE* 不应高于 1.5
广东	2020 年 7 月	《广州市加快推进数字新基建发展三年行动计划（2020—2022 年）》	优先支持 *PUE* 小于 1.3 的数据中心建设
	2021 年 6 月	《广东省 5G 基站和数据中心总体布局规划（2021—2025 年）》	坚持集约化、规模化建设方向，整合提升低、小、散数据中心，推动高质量发展。加快应用先进节能技术，提升资源能源利用效率，走高效、清洁、集约、循环的绿色发展道路
	2021 年 1 月	《深圳市数字经济产业创新发展实施方案（2021—2023 年）》	统筹布局基于云计算和绿色节能技术的数据中心建设，推动数据中心向规模化、集约化、智能化、绿色化方向布局发展
云南	2021 年 9 月	《云南省大数据中心发展专项规划（2021—2025）》（征求意见稿）	要把握“东数西算”机遇，重点承接东部地区后台加工、离线分析、存储备份等非实时算力需求外溢以及本地化高频实时交互型的业务需求，支持着力打造高速互联、数据流通、优势互补的云南滇中数据中心集群，形成以昆明为核心节点、玉溪为双活节点、保山为异地灾备的“两地三中心”多层布局。支持部署面向全国提供优质服务的大型或超大型数据中心、智能计算中心、区块链算力中心等新型数据中心集聚发展，支撑全省产业升级、城市发展与科技创新

1.3.2 “双碳”背景下数据中心冷却系统发展趋势

数据中心的高速发展，不可避免地带来了高能耗。中国电子节能技术协会数据中心节能技术委员会的资料报告显示，过去十年间，我国数据中心整体用电量以每年超过 10%的速度递增，其耗电量在 2020 年突破 2000 亿 kWh，约占全社会用电量的 2.71%，2014～

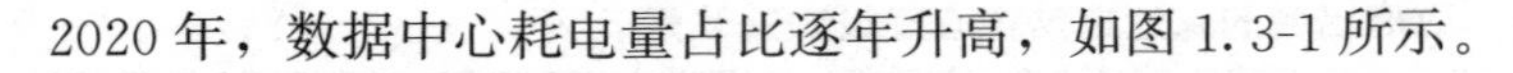
2020 年，数据中心耗电量占比逐年升高，如图 1.3-1 所示。

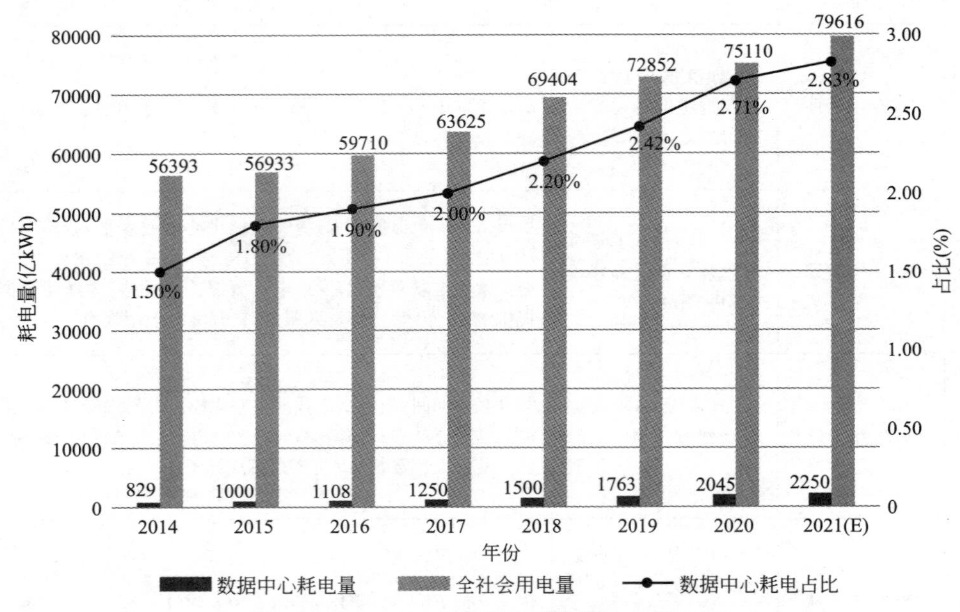

图 1.3-1　2014～2020 年中国数据中心用电量

注：图中 E 表示预测值。

根据现有数据中心设备组成来看，其主要的耗能部分包括 IT 设备、制冷系统、供配电系统、照明系统及其他设施（包括安防设备、灭火、防水、传感器以及相关数据中心建筑的管理系统等）。如图 1.3-2 所示，整体来看，由服务器、存储和网络通信设备等所构成的 IT 设备系统所产生的功耗约占数据中心总功耗的 45％，其中服务器系统约占 50％，存储系统约占 35％，网络通信设备约占 15％。空调系统仍然是数据中心提高能源效率的重点环节，它所产生的功耗约占数据中心总功耗的 40％。电源系统和照明系统分别占数据中心总耗电量的 10％和 5％。

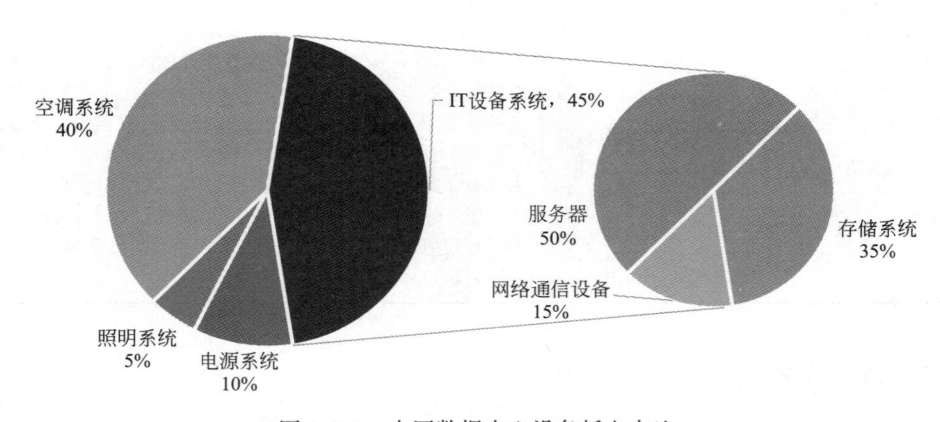

图 1.3-2　中国数据中心设备耗电占比

在全球变暖的背景下，节能减排、绿色发展已成为全人类的共识。在我国政府提出“2030 年碳达峰、2060 年碳中和”的目标后，国家及地方陆续出台推进绿色数据中心建设的政策，数据中心建设朝着绿色节能、降低碳排放的方向逐步发展。各地政府采取多样的措施，通过改变数据中心的布局、采用绿色能源等来达到建设绿色数据中心的目的。

1. 数据中心布局的转变

根据《中国数字基建的脱碳之路》的计算，在综合考虑全国数据中心电力消费量和地区碳排放因子后，2020年全国数据中心的碳排放量高达9485万t，且全国31个省份均有分布。其中河北、江苏的碳排放超过了1000万t，占到了全国的35%。北京、上海、广东、浙江和内蒙古超过了500万t。上述7个省份占到了全国数据中心碳排放的72%，详细数据如表1.3-4所示。

2020年全国31省份数据中心碳排放量（单位：万吨 CO_2）　　表1.3-4

地区	排放量	地区	排放量	地区	排放量	地区	排放量
全国	9485	江苏	1043	湖南	110	宁夏	54
北京	917	广东	666	江西	107	青海	1
河北	2275	福建	219	山西	225	陕西	73
天津	418	海南	23	山东	245	四川	23
内蒙古	570	安徽	52	甘肃	129	西藏	6
上海	710	河南	118	广西	84	新疆	122
浙江	611	湖北	132	贵州	280	云南	13
重庆	125	黑龙江	42	吉林	34	辽宁	57

在《中华人民共和国国民经济和社会发展第十四个五年规划和2035年远景目标纲要》中明确提出，到2035年，“生产生活方式绿色转型成效显著，能源资源配置更加合理、利用效率大幅提高，单位国内生产总值能源消耗和二氧化碳排放分别降低13.5%、18%”，“非化石能源占能源消费总量比重提高到20%”。数据中心的发展必须顺应这一发展趋势，实现数据中心可再生能源相结合的运维方式，降低碳排放，建立节能绿色型新型数据中心。

各个地区也纷纷出台相应政策引导数据中心的绿色可持续发展，例如，2021年，北京市发布《北京市数据中心统筹发展实施方案（2021—2023年）》，提出以集约化、绿色化、智能化为目标，打造世界领先的高端数据中心发展集群。上海市发布《上海市数据中心建设导则（2021年版）》等，指出要严格控制新建数据中心，确有必要建设的必须确保绿色节能。广东省发布《广东省5G基站和数据中心总体布局规划（2021-2025年）》，指出优先规划布局绿色数据中心，各地市有序推进数据中心建设，先提高上架率，后扩容与新增。

除此之外，企业也纷纷严格落实新数据中心发展理念，例如，位于山西的百度云计算（阳泉）中心（以下简称：百度阳泉中心）1号模组，2015年9月投产，建筑面积达到1350m^2，年均*PUE*可达1.08。其电气系统采用全球首例市电直供+HVDC离线及自研分布式锂电系统，供电效率提升至99.5%；制冷系统采用百度自研置顶冷却单元OCU，结合高温服务器技术及新型气流组织，全年免费冷却时间可达98%以上；百度使用自研飞桨深度学习框架实现系统冷源部分AI调优。在结合可再生能源方面，百度阳泉数据中心2015年落地业内首个光伏发电项目，并自2017年开始，累计签约风电等可再生能源1.56

亿 kWh。随着国家对数据中心的政策引导和技术发展，我国数据中心将会在预计的时期内完成高算力运行与低碳节能改造。

2021 年 5 月，国家发展改革委、中央网信办、工业和信息化部、国家能源局联合印发《全国一体化大数据中心协同创新体系算力枢纽实施方案》，对数据中心的布局提出了明确的要求，以加强统筹、绿色集约、自主创新和安全可靠为基本原则，以建设全国一体化算力网络国家枢纽节点、发展数据中心集群为发展思路，推动数据中心、云服务一体化设计，打造一批算力高质量供给、数据高效率流通的大数据发展高地。

我国数据中心存在一定程度的供需失衡、失序发展的问题。一些东部地区应用需求大，但能耗指标紧张、电力成本高，大规模发展数据中心难度和局限性大。一些西部地区可再生能源丰富、气候适宜，但网络宽带小、跨省数据传输费用高，无法有效承接东部需求。通过国家枢纽节点布局，可引导数据中心向西部资源丰富地区以及距离适当的一线城市周边地区集聚，实现数据中心有序发展。

国家枢纽节点，是作为我国算力网络的骨干连接点。传统上，我国通信网络主要围绕人口聚集程度进行建设，网络节点普遍集中于北京、上海、广州等一线城市。数据中心对网络依赖性强，随之集中于城市部署。近年来，随着数据中心规模快速扩张，对土地供应、能源保障、气候条件等提出了更高要求，现有城市资源，特别是东部一线城市资源，已难以满足持续发展要求，需尽快转变以网为中心的发展模式，围绕数据中心重构网络格局。

通过国家枢纽节点，统筹规划数据中心建设布局，引导大规模数据中心适度集聚，形成数据中心集群。围绕集群，调整优化网络结构，加强水、电、能耗指标等方面的配套保障。在集群和集群之间，建立高速数据中心直联网络，实施“东数西算”工程，支撑大规模算力调度，构建形成以数据流为导向的新型算力网络格局。对于用户规模较大、应用需求强烈的节点，如京津冀、长三角等地区，重点统筹城市内部和周边区域的数据中心布局，满足重大区域发展战略实施需要；对于可再生能源丰富、发展潜力较大的节点，如内蒙古、甘肃等地，充分发挥资源优势，提升算力服务品质和利用效率，打造非实时性算力保障基地。

未来的数据中心分布将更好地满足跨区域、跨行业资源调度和相互方位需求，在政策的支持下向绿色节能、资源集约的方向大力发展。

2. 数据中心能源来源转变

《欧洲气候中立数据中心公约》指出，到 2025 年，数据中心使用的电力将 75%来自可再生能源，到 2030 年，数据中心的电力将 100%由可再生能源供给，并达到无碳绿色数据中心水平。从国内来看，如果未来数据中心采用市电的比例维持在 2018 年水平，而企业不采取额外措施提高可再生能源使用，到 2023 年数据中心用电将新增 6487 万 t 的二氧化碳排放量。数据中心目前仍采用世界上通用的以化工燃料为主的发电方式，会产生大量的碳排放。如果通过提高可再生能源上网消纳以及数据中心企业更主动采购可再生能源等措施，将减少二氧化碳排放 1583 万 t。

数据中心行业中最流行的两种零碳排放途径是直接使用可再生能源和使用可再生能源额度（RECs）。

（1）直接使用可再生能源：大部分数据中心由可再生能源（如地热、水力、太阳能和风能）提供动力。国家层面上很早便提出了建立绿色能源下的数据中心建议，2013 年，工业和信息化部发布的《关于数据中心建设布局的指导意见》，建议大型数据中心优先在能源相对富集、气候条件良好的地区建设。2019 年，发布的《关于加强绿色数据中心建设的指导意见》提出，到 2022 年数据中心水资源利用效率和清洁能源应用比例大幅提升。2019 年，工业和信息化部发布的《关于组织申报 2019 年度国家新型工业化产业示范基地的通知》中明确提出支持数据中心采用水电、风电、太阳能等绿色可再生能源。2021 年的《低碳数据中心发展白皮书》中显示，近年来我国互联网企业应用可再生能源比例逐渐提升，规模有所增长。百度阳泉中心在 2018 年可再生能源使用占比达到约 23%；2019 年，万国数据可再生能源采购规模为 87.3MW，占总电力容量的 24.9%；2019 年，秦淮数据集团新一代超大规模数据中心风能、太阳能等可再生能源使用比例为 37%；阿里巴巴的张北等数据中心通过四方交易机制直接向风电企业购买可再生能源。可再生能源利用作为数据中心低碳绿色的一个重要途径，在未来势必会成为数据中心的主流利用能源。但由于可再生能源的不稳定性，数据中心运营商一般会选择现有清洁能源电厂供电，有些情况下也会选择使用储备能源。

（2）使用可再生能源信用额度（RECs）：在这种情况下，数据中心运营商购买可再生能源和相关的可再生能源信用额度。在可再生能源发电地远离数据中心的情况下，运营商将可再生能源转售回电网，并使用可再生能源信用额度抵消其碳排放。这是整个数据中心行业的普遍做法，也是谷歌成为全球最大可再生能源企业买家的一大原因。这种方法的好处在于，即使数据中心不一定使用可再生能源，但依然可使用可再生能源供应商来获得客户对新项目的投资。换言之，这种方法可以向电网输送越来越多的可再生能源，供大家使用。Facebook 在 2021 年 6 月公布了其得克萨斯州数据中心的 200MW 风力发电合同；亚马逊表示其已在北卡罗来纳州投资了一个风力发电厂，来解决其在弗吉尼亚州数据中心集群的能源使用问题。随着对碳排放的控制，Facebook、亚马逊、谷歌等大规模网络数据中心运营商越来越频繁地对大型可再生能源项目进行投资。

这两种方法对于推进数据中心绿色低碳发展具有较好的作用，有望在数据中心行业走向零碳排放的道路上共存。

3. 数据中心冷却系统冷却技术

数据中心所使用的 IT 硬设备，将所消耗的电力 100%地转化为热能，因此，数据中心需要配备强大且高效的冷却系统。冷却系统传统的冷却方式是高架地板冷却，使用高架地板输送加压空气，由定速风扇送出的冷气来冷却，但这种冷却方式具有十分严重的温度分层现象，若采取办法来缓解此问题，往往会大大降低冷却系统的效率。同时，通过传统的冷却方法冷却也需要电力，这使得冷却系统的电力需求占数据中心总电力的 50%以上。随着绿色数据中心的建设与发展，冷却技术也有了绿色节能、动态冷却的新发展要求，应用于数据中心冷却系统的冷却技术也有所发展。目前液冷技术因其较好的冷却性能受到众多厂商青睐。

液冷是指通过液体来代替空气，把 CPU、内存条、芯片组、扩展卡等器件在运行时所产生的热量带走。液体传导热能效果好、温度传递快、比热容大，在吸收大量的热量后自身温度不会产生明显变化，因此能够稳定 CPU 温度。与风冷系统相比，液冷系统能节省约 30%的能源，有效降低能源消耗比，可以将 *PUE* 降到 1.05，实现绿色数据中心的要求。此外，相比空气而言，液体比热容不受海拔与气压影响，液冷数据中心在高海拔地区仍然可以保持较高的散热效率。

采用液冷数据中心可以更好地收集余热，并创造出可观的经济价值。数据中心的不间断运行往往能产生巨大热能，传统的风冷设备一般是将热量直接排到大气中，但液冷数据中心则能以液体为载体，直接通过热交换接入楼宇供暖系统和供水系统，满足居民供暖和热水供应等需求。这不仅节约了能源，还能为数据中心创造附加值。

目前，液冷技术主要有三种：冷板、喷淋和浸没。冷板液冷是将冷却水从特制的注水口流入，经过密闭的散热管流进主机，带走 CPU、内存和硬盘等部件的热量后再流出。喷淋式液冷是指对 IT 设备进行改造，部署相应的喷淋器件，在设备运行时，有针对性地对发热过高的器件进行冷却。浸没液冷技术中液体制冷剂直接和电子器件接触，绝缘液体介质能够保证电子器件的安全。

随着数据中心产业的蓬勃发展，尤其是高密度甚至超高密度服务器的部署，数据中心制冷面临的挑战日渐严峻，如何进一步降低高居不下的能耗，如何在保证性能的同时，实现数据中心的绿色发展，成为业界关注的焦点。液冷技术作为国内外主流厂商大力推进的冷却技术，高效、节能、安全，正在成为大多数数据中心的选择。

1.3.3 绿色数据中心

在加速发展绿色数据中心的同时，一些优秀绿色中心已经获得了绿色数据中心 4A、5A 等级，部分达到国际领先水平。为总结推广绿色数据中心试点的经验和做法，全面提升数据中心节能环保水平，经试点企业自评、各地工业和信息化主管部门初审、专家评审和公示等程序，工业和信息化部、国家机关事务管理局、国家能源局分别于 2018 年和 2020 年公布两批国家绿色数据中心名单。

2018 年 1 月，工业和信息化部公示了首批国家绿色数据中心名单，共有 49 家数据中心成功入选，如表 1.3-5 所示。

首批国家绿色数据中心名单　　表 1.3-5

通信领域	
永丰数据中心	中国移动国际信息港一期数据中心
华苑国际数据港	中国联通华南(东莞)数据中心
空港数据中心	联通黑龙江数据中心湘江路 IDC 机房
宁桥数据中心	中国电信信息园 B15a、B15b 数据中心
中国联通华北(廊坊)基地	中国移动南方基地云数据中心
珠海信息大厦数据中心	中国联通广东云数据中心广州现代产业基地
中国联通西南数据中心	中国电信云计算贵州信息园
中国西部数据中心	中国联通贵安云数据中心
中国移动(贵州)数据中心	
互联网领域	
中兴智慧银川大数据中心	浪潮第四代云计算中心
中电西南云计算中心	南京云计算中心

续表

互联网领域	
贵州高新翼云数据中心	苏宁雨花数据中心
成都高新数据中心	万国数据昆山数据中心
凤凰云计算中心	上海数据港宝山数据中心
华为廊坊云数据中心	上海科技网宝山云计算中心
绿色海量云储存基地	华盛蓝泰科技天津互联网数据中心
天津生态城南部机房	北京光机电数据中心(BJ3)
世纪互联 M6 数据中心	
公共领域	
黑龙江省科技数据中心	工业和信息化部电子政务数据中心
国家超级计算济南中心	山东省人力资源和社会保障厅数据中心
长江设计公司数据中心	国家税务总局广东数据中心
广西林业数据中心	柳州市城市管理信息中心
生产领域	
东莞 EDC	贵州国际金贸云基地数据中心
银澎云计算数据中心	
金融领域	
广东分行中心机房	中金数据系统有限公司北京数据中心暨华夏银行生产中心
华润集团新一代数据中心	
能源领域	
绿色智能化信息管理大数据中心	

分领域来看，通信领域与互联网领域的数据中心数量各有 17 个，占比为 35%；公共领域的数据中心有 8 个，占比为 16%；生产领域与金融领域各有 3 个，占比为 6%；能源领域的数据中心数量仅有 1 个，占比 2%，如图 1.3-3 所示。

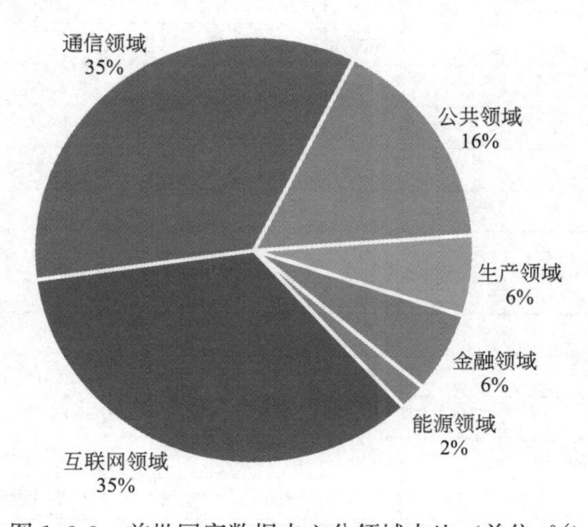

图 1.3-3　首批国家数据中心分领域占比（单位:%）

2021 年 1 月，工业和信息化部、国家发展改革委、商务部、国管局、银保监会、国家能源局确定了 60 家 2020 年度国家绿色数据中心名单，如表 1.3-6 所示。

2020 年国家绿色数据中心名单 **表 1.3-6**

通信领域	
中国电信天津公司武清数据中心	中国联通四川天府信息数据中心
中国移动(新疆克拉玛依)数据中心	中国移动(重庆)数据中心
中国移动呼和浩特数据中心	中国移动(辽宁沈阳)数据中心
中国移动长三角(无锡)数据中心	中国(西部)云计算中心
中国移动长三角(苏州)数据中心	中国移动(河南郑州航空港区)数据中心
中国联通华北(廊坊)基地	中国联通贵安云数据中心
中国联通哈尔滨云数据中心	中国联通深汕云数据中心(腾讯鹅埠数据中心 1 号楼)
中国联通德清云数据中心	中国联通呼和浩特云数据中心
北京联通黄村 IDC 机房	中国电信上海公司漕盈数据中心 1 号楼
中国数据基地 DCI 数据中心	中国电信云计算内蒙古信息园 A6 数据中心
中国电信云计算重庆基地水土数据中心	
互联网领域	
中经云亦庄数据中心	顺义昌金智能大数据分析技术应用平台云计算数据中心
房山绿色云计算数据中心	怀来云交换数据中心产业园项目 1 号数据机房、2 号数据机房
腾讯天津滨海数据中心	阿里巴巴张北云计算庙滩数据中心
数讯 IDXIII 蓝光数据中心	环首都·太行山能源信息技术产业基地
鄂尔多斯国际绿色互联网数据中心	世纪互联杭州经济技术开发区数据中心
乌兰察布华为云服务数据中心	世纪互联安徽宿州高新区数据中心
绿色海量云储存基地	中金花桥数据系统有限公司昆山数据中心暨腾讯 IDC
京东云华东数据中心	数字福建计算中心(商务云)
东江湖数据中心	广州睿为化龙 IDC 项目
长沙云谷数据中心	重庆腾讯云计算数据中心
雅安大数据产业园	宁算科技集团一体化产业项目—数据中心(一期)
贵州翔明数据中心	观澜锦绣 IDC 机房 3 号楼项目
百旺信云数据中心一期	
公共机构领域	
宁波市行政中心信息化集中机房	中国科学院计算机网络信息中心化大厦
丽水市公安局数据中心	
能源领域	
中国石油数据中心(吉林)	
金融领域	
平安深圳观澜数据中心	中国邮政储蓄银行总行合肥数据中心
汉口银行光谷数据中心	广发银行股份有限公司南海生产机房
重庆农村商业银行鱼嘴数据中心	中国人寿保险股份有限公司上海数据中心
安徽省联社滨湖数据中心	中国工商银行股份有限公司上海嘉定园区数据中西
北京银行西安灾备数据中心	中国人民保险集团股份有限公司南方信息中心

分领域来看，互联网领域和通信领域的绿色数据中心数量较多，分别有 25 个和 21 个，占比分别约为 42%和 35%，金融领域的数据中心有 10 个，占比约 17%，公共机构与能源领域的绿色数据中心数量较少，占比分别约为 5%和 1%，如图 1.3-4 所示。

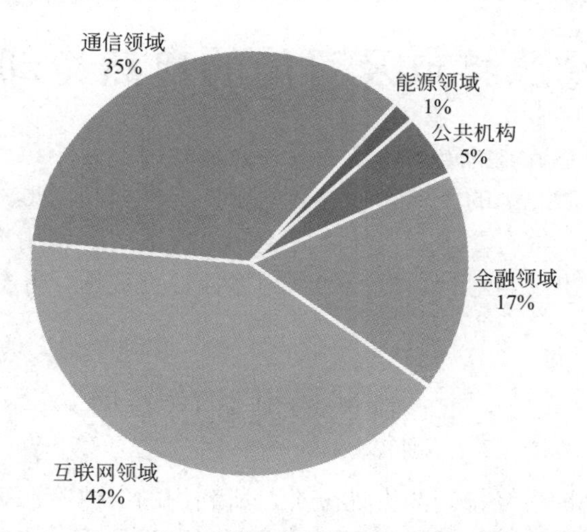

图 1.3-4　2020 年国家数据中心分领域占比（单位:%）

与首批国家绿色数据中心相比，各个领域的绿色数据中心数量都有所增加，其中，互联网领域与通信领域的数据中心仍是最多，能源领域数量最少。

本章参考文献

[1] 张英男，匡常山．我国数据中心绿色化发展趋势及思考 [J]. 电声技术，2020，44 (12)：68-70.

[2] 韩文锋，陶杨，陈爱民，等．数据中心高效绿色冷却技术 [J]. 制冷与空调，2021，21 (2)：78-90.

[3] 张军华，刘宇．碳达峰碳中和目标下数据中心绿色低碳发展策略 [J]. 信息技术与标准化，2021 (12)：7-12，20.

[4] 胡鹏涛．数据中心的节能研究与实践 [D]. 兰州：兰州大学，2021.

[5] 王月，柯芊．智能计算中心：人工智能时代的算力基石 [J]. 中国电信业，2021，(S1)：11-15.

[6] 程亨达，陈焕新，邵双全，李正飞，程向东．数据中心冷却系统的综合 COP 评价 [J]. 制冷学报，2020，41 (6)：77-84.

[7] 中国信息通信研究院，开放数据中心委员会．数据中心白皮书 (2020) [R]，2020.

[8] 工业和信息化部信息通信发展司．全国数据中心应用发展指引 (2020) [M]. 北京：人民邮电出版社，2021.

[9] Zhen L，Staish G K. Current Status and Future Trends in Data-Center Cooling Technologies [J]. Heat Transfer Engineering，2015，36：523-538.

第 2 章 冷源特点及可能的自然冷却利用途径

自然冷却是数据中心节能的重要途径之一，合理利用自然冷源可以有效降低数据中心的全年能耗。数据中心对冷源的要求除了温湿度以外，根据利用形式的不同，还可能对洁净度、流速和污染物含量等有要求。自然冷源不同，所适用的利用形式也存在差异。本章从数据中心的散热需求出发，对自然冷源的利用途径进行梳理，并分析了不同系统形式对冷源温度的要求。

2.1 自然冷源利用途径

按照数据中心的热量最终排到的去处分类，所利用的自然冷源可以分为空气和自然水体两大类，其中自然冷源为空气时，还可以按是否利用潜热进一步细分，若采用风冷换热的方式，利用的是空气的显热；若采用蒸发冷却的方式，利用的是空气显热和水的蒸发潜热。表 2.1-1 列出了常见的自然冷源利用方式。

数据中心常见的自然冷源利用方式　　表 2.1-1

分类	方式
空气	新风直接冷却 空-空间接冷却 两相回路循环冷却 风冷水循环自然冷却
空气＋水(蒸发冷却)	直接蒸发冷却制备冷风 间接蒸发冷却制备冷风 带换热的直接蒸发冷却 直接蒸发冷却制备冷水 间接蒸发冷却制备冷水
自然水体	海水、湖水、江河水直接冷却 海水、湖水、江河水间接冷却

2.1.1 空气自然冷却

1. 新风直接自然冷却

直接将室外的低温空气引入数据中心机房内对服务器进行冷却的技术就是新风直接自然冷却技术，如图 2.1-1 所示。一般地，通过送风装置将室外新风过滤处理后直接或者与机房回风混合后送入机房，从而对服务器进行降温。新风直接自然冷却的空调系统一般由送风设备、排风设备、过滤装置和控制系统组成，其中过滤装置是该类机房运行维护的重点和难点。因此，应用新风直接自然冷却技术除了要求室外空气温度足够低以外，更要求空气的洁净度足够高，因此这种技术的应用较为少见，比较著名的是雅虎公司在洛克波特建设的“鸡窝式”数据中心，如图 2.1-2 所示。雅虎数据中心采用独特的“鸡窝式”结构进行自然对流，利用热压自然通风原理，如图 2.1-3 所示，空气通过下部进风、上部排风，从而形成自然对流。

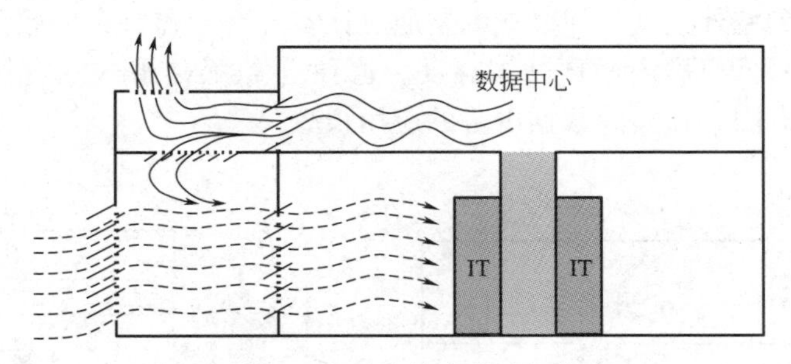

图 2.1-1　新风直接自然冷却技术

图 2.1-2　雅虎“鸡窝式”数据中心

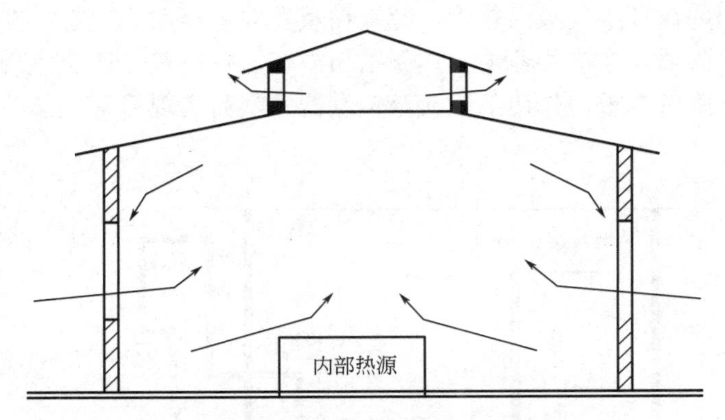

图 2.1-3　“鸡窝式”数据中心热压通风原理图

2. 空气间接自然冷却

与直接自然冷却不同，间接自然冷却不将室外空气引入数据中心内部，而是通过不同的换热方式将热量从机房循环空气传递到室外空气，从而避免由于引入室外新风而引起的湿度控制和污染物等问题。

(1) 空-空间接自然冷却

常见的空-空换热的自然冷却利用方式包括轮转式和间壁式，它们都是通过室外空气与机房内循环气流进行显热交换实现热量传递，其系统示意图如图 2.1-4 所示。其中轮转式是利用转轮内填料的储能功能，让转轮在两个封闭的风道内转动，利用填料将热量从机房内循环空气传递到室外空气。间壁式则是通过让室外空气和机房内循环气体在间壁式换热器内热交换实现降低机房内循环气体温度。这种空-空换热形式的自然冷源利用方式由于体积庞大、效率有限，在实际数据中心的应用很少。

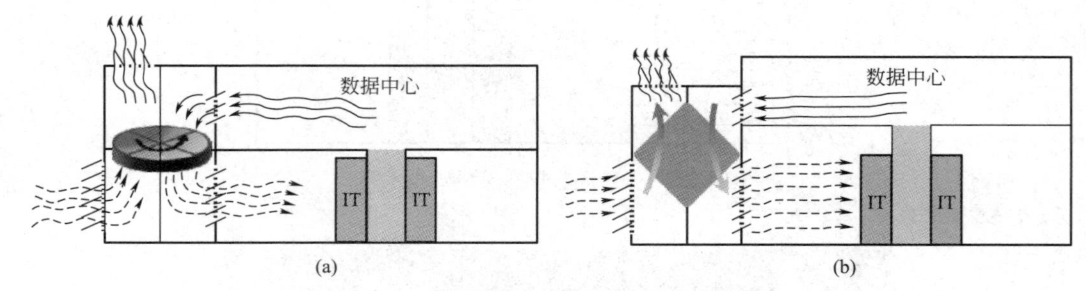

图 2.1-4 轮转/间壁式自然冷却示意图

(a) 轮转式；(b) 间壁式

(2) 两相回路循环冷却

两相回路循环冷却是一种利用空气显热的间接自然冷却技术，根据其循环动力不同，可以分为重力驱动式和泵驱动式。

重力驱动式两相回路循环冷却即为重力热管冷却形式，热管是一种高效的传热元件，基于分离式热管的数据中心热管冷却技术具有高导热性能、可远距离传输、装置适应性和密封性好以及传热面积可大幅调整等诸多优点，其系统形式如图 2.1-5 所示。该系统由室内蒸发器、室外冷凝器、上升管和下降管组成。其工作原理是冷媒工质在蒸发器内蒸发吸热，将热量从机房内循环空气吸入热管，冷媒在蒸发器中蒸发为气态，在压差作用下通过上升管进入室外冷凝器，在冷凝器内放热凝结为液态，将热量传递至室外环境中，冷凝后的液体工质沿着下降管在重力作用下回流至蒸发器，从而实现循环换热，达到控制机房温度的目的。

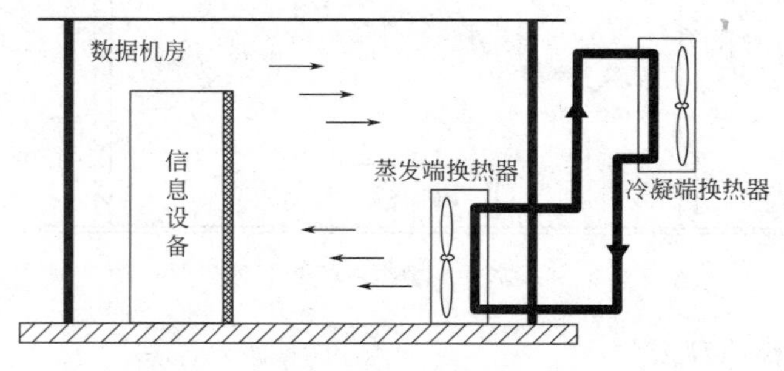

图 2.1-5 数据中心热管冷却系统示意图

重力驱动式两相回路循环冷却技术依靠重力提供工质的循环动力，在安装时要求冷凝器与蒸发器之间存在一定的高差，当现场安装条件不满足高度差要求时，可以采用氟泵提供动力，实现系统的循环，即为泵驱动式两相回路循环冷却，如图 2.1-6 所示。无论是重力式还是泵驱动式，其蒸发器均具有多种形式，包括分体机、列间和背板等，可分别形成机房级、列间级和机柜级的冷却尺度。

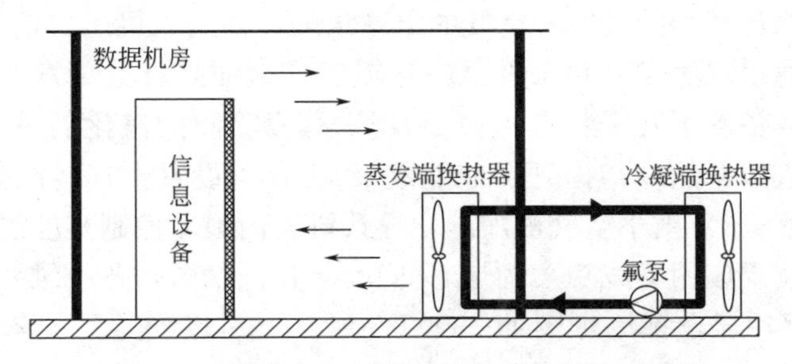

图 2.1-6　数据中心泵驱动热管冷却系统示意图

（3）风冷水循环自然冷却

风冷水循环自然冷却是利用室外空气显热的一种自然冷却技术，一般为风冷冷却盘管的形式，常见于水冷型系统中，与冷水机组并联或串联使用，或以带自然冷却的风冷冷水机组的形式存在，其系统形式如图 2.1-7 所示。夏季关闭风冷冷却盘管，冷水旁通，冷水机组正常运行为机房提供冷量；过渡季节开启风冷冷却盘管，与冷水机组共同为机房提供冷量；冬季则关闭冷水机组，开启风冷冷却盘管，冷水在盘管内冷却，再供给机房空调系统。

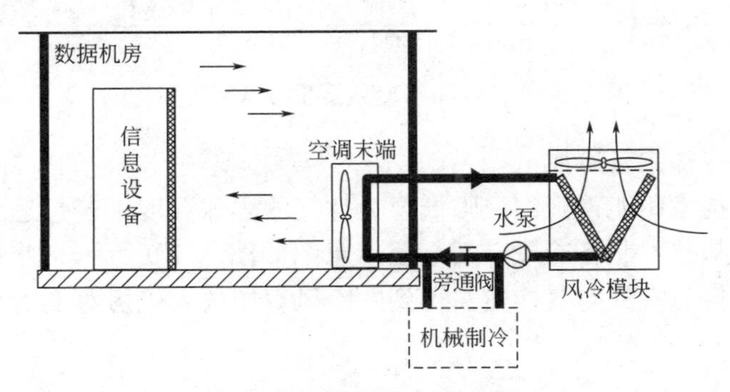

图 2.1-7　风冷自然冷却示意图

风冷水循环自然冷却的应用应当注意与冷水机组的匹配和模式切换问题，若仅根据某一环境温度进行三种运行模式的切换，当日气温波动时，容易造成压缩机频繁启停，影响机组运行性能和节能效果。有研究指出，以进水温度和环境温度的差值为判断依据，可有效实现三种运行模式的自动切换。

2.1.2　蒸发冷却

自然冷源为空气与水时，通常指利用空气显热和水的蒸发潜热作为数据中心的冷源，通过空气与喷淋水的热湿交换实现热量传递。若制备的冷却媒介的温度只能逼近湿球温度，定义为直接蒸发冷却技术；若制备的冷却媒介的温度能逼近露点温度，定义为间接蒸发冷却技术。若直接制备冷风送入机房对 IT 设备进行冷却，称为直接自然冷却；若制备冷水再通过换热的形式冷却机房空气，称为间接自然冷却。

1. 直接自然冷却

（1）直接蒸发冷却制备冷风

新风直接自然冷却利用的是室外空气的干球温度，在送入机房之前先将室外空气与水大面积直接接触，通过水蒸发吸热来降低空气温度，这便是直接蒸发冷却制备冷风技术。直接蒸发冷却技术具备以下几个特点：1）利用水蒸发吸收的汽化潜热，降低了室外空气的温度，相比新风直接自然冷却提升了节能效果；2）需设置空气过滤装置以防止循环水或蒸发板被污染堵塞；3）由于空气被加湿，导致机房内湿度控制难度加大。

直接蒸发冷却技术应用的成功案例是 Facebook 在俄勒冈州普林维尔建设的数据中心，*PUE* 可以达到 1.07，其系统原理图如图 2.1-8 所示，通过喷雾系统降低室外空气温度，实现全年的自然冷却。

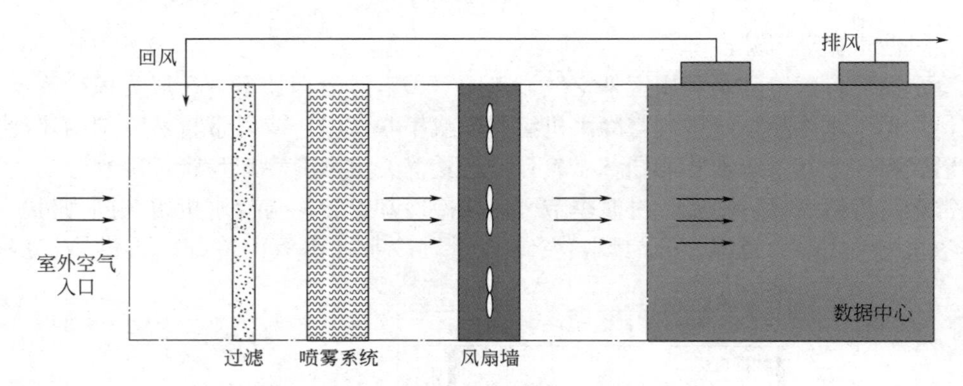

图 2.1-8　Facebook 直接蒸发冷却系统示意图

（2）间接蒸发冷却制备冷风

直接蒸发冷却技术所能得到的极限低温为空气的湿球温度，若想达到更低的温度，可以采用间接蒸发冷却技术制备冷风，其系统示意图如图 2.1-9 所示。首先通过间接蒸发冷却技术制备冷水，再与室外空气换热，得到的冷风直接送入机房对 IT 设备进行冷却。

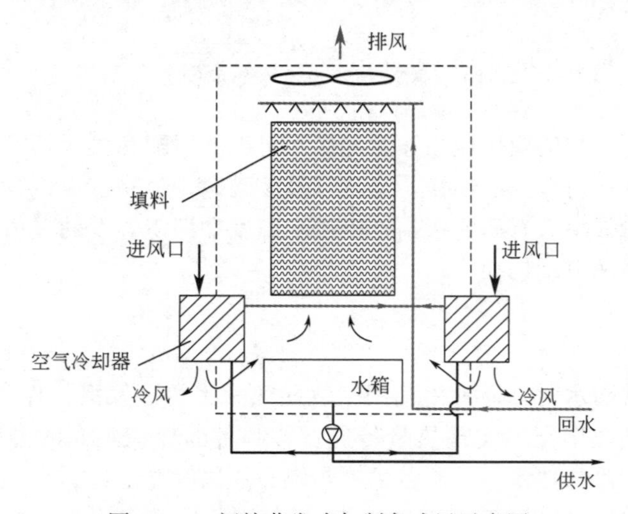

图 2.1-9　间接蒸发冷却制备冷风示意图

2. 间接自然冷却

（1）带换热的直接蒸发冷却

与直接蒸发冷却制备冷风不同，带换热的直接蒸发冷却技术通过机房循环气流经过冷却器与经蒸发冷却的室外气流换热，得到低温的气流用于数据中心的冷却，其系统示意图如图2.1-10所示，其中产出空气即为数据中心的回风，被冷却后用于冷却IT设备；工作空气来自室外，它与水接触使其蒸发，从而降低冷却器表面温度以冷却产出空气。

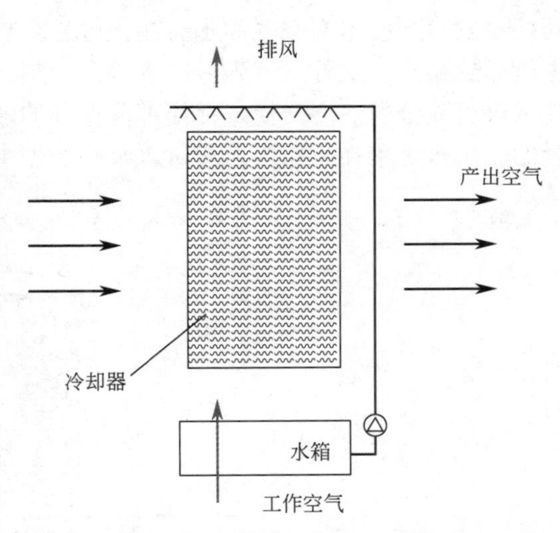

图2.1-10　带换热的直接蒸发冷却系统示意图

带换热的直接蒸发冷却的核心部件是换热面，该换热面将工作空气和产出空气隔开，两股流体通过换热面进行热量交换。产出空气在干通道中与换热表面接触，属于等湿冷却过程；而工作空气在湿通道中与水直接接触发生热湿交换，其传热传质原理与直接蒸发冷却过程相同，因此理论上带换热的直接蒸发冷却可以使产出空气的温度趋近于工作空气进口的湿球温度，但不可能等于或低于该温度，其湿球温度的效率也低于直接蒸发冷却的效率。

带换热的直接蒸发冷却技术具有以下特点：

1）在干湿球温度差异较大的地区更适合应用，例如我国西北地区，可以取得更好的节能效果。而对于我国南方干湿球温度差异较小的地区，其节能效果则需进一步评估。

2）在采用带换热的直接蒸发冷却技术时，评估数据中心能效时应考虑水的消耗。

3）机组体积和风量过大，且需要置于室外，因此该技术应因地制宜地使用，一般适用于单层中小型或模块化数据中心。

4）需要注意冬季室外温度低于0℃时的防冻处理。

（2）直接蒸发冷却制备冷水

普通的冷却塔一般采用的是直接蒸发冷却技术制备冷水，是当前数据中心采用的最为广泛的自然冷源利用技术之一，制备的冷水温度在入口空气的湿球温度之上，其工作原理图如图2.1-11所示。循环水通过布水器喷淋到填料上形成水膜，水膜与空气直接接触实现热湿交换，制备的冷水向下汇集在水箱，一般会送至板式换热器中与冷水循环换热，从而将机房的热量排出。

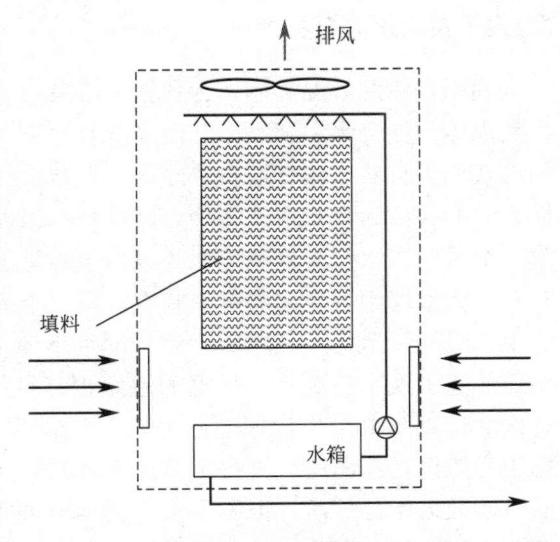

图2.1-11　直接蒸发冷却制备冷水的工作原理示意图

（3）间接蒸发冷却制备冷水

间接蒸发冷却制备冷水可以将制备的冷水温度降低到空气湿球温度以下，极限为空气的露点温度。与直接蒸发冷却技术不同，间接蒸发冷却技术在空气和水直接接触进行热湿交换之前，首先通过换热器使空气与冷水进行显热换热，室外空气先被冷水等湿冷却，然后通过填料下方的淋水区进入填料区，与冷水进行充分的热湿交换，促使部分循环的液态水蒸发吸热，降低循环水的温度。被冷却后的循环水汇集在水箱内，通过水泵为数据中心供冷，其工作原理图如图 2. 1-12 所示。

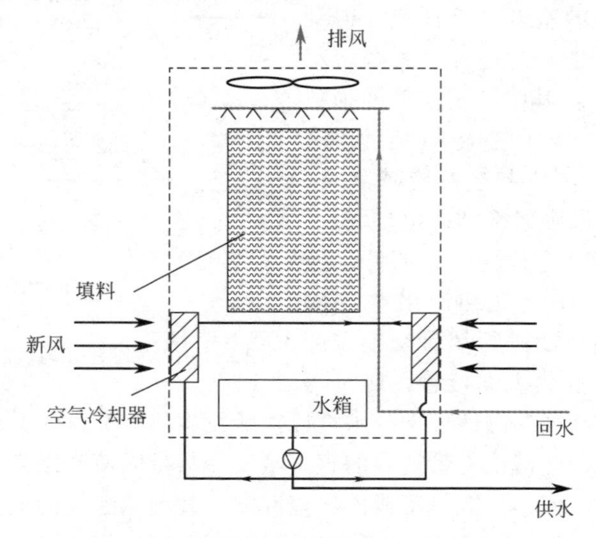

图 2. 1-12　间接蒸发冷却的冷却塔工作原理

相比直接蒸发冷却，间接蒸发冷却能够制备更低温的冷水，其节能效果更为明显。与蒸发冷却制备冷风相似，采用蒸发冷却制备冷水时应该考虑以下几点：

1）在干湿球温度差异较大的地区更适合应用，而在南方某些地区，其节能效果需进一步评估。

2）进行数据中心能效评估时，应该考虑水的消耗。

3）需要注意冬季室外温度低于 0℃时的防冻处理。

2. 1. 3　自然水体自然冷却

利用自然的低温水体作为数据中心冷源是一种值得探索的数据中心冷却形式，这里的自然水体包括海水、湖水、江河水以及地下水等。直接利用机房循环气流与自然水体换热的形式称为自然水体直接自然冷却；自然水体先与某种中间媒介换热，再与机房循环气流换热的形式称为自然水体间接自然冷却。国内目前已经开始尝试自然水体冷却方式，我国第一个采用湖水作为自然冷源的数据中心是千岛湖数据中心，据报道，即使室外气温高达40℃，该数据中心也无需机械制冷。另一个采用湖水冷却的数据中心——东江湖大数据中心也已经开始运行，其取水点位于湖水下泄 10 km 处，年平均水温低于 13℃，节能效果明显。除了淡水资源外，低温的海水也是数据中心的可能冷源之一。2015 年，微软公司首次尝试以海水作为数据中心冷源，并进行了初期实验测试。2020 年，我国首个海底数据中心舱也在珠海海域进行了首次下海测试。以自然的低温水体作为数据中心自然冷源虽然节能效果十分显著，但除了受自然环境的高度制约外，还应充分考虑对环境的影响作用，本报告第 5 章将详细展开探讨，本章不做过多赘述。

2.2　自然冷源的利用条件

数据中心冷却系统的本质是将机房服务器散发的热量在一定的传热温差下传递到室外环境，因此，数据中心要利用的自然冷源必须满足一定的条件，包括温湿度和洁净度等。目前关于数据中心的环境要求存在不同的标准，其中美国 ASHRAE 的标准应用较为广泛，其给出了 A1～A4 等级推荐的环境参数，如图 2.2-1 所示。我国也在国家标准《数据中心设计规范》GB 50174—2017 中明确指出各级数据中心冷通道或机柜进风区域的温度应维持在 18～27℃。本节以 27℃为参考对冷源的温度要求进行分析，当机房维持温度变化时，冷源的温度要求也应相应发生变化。

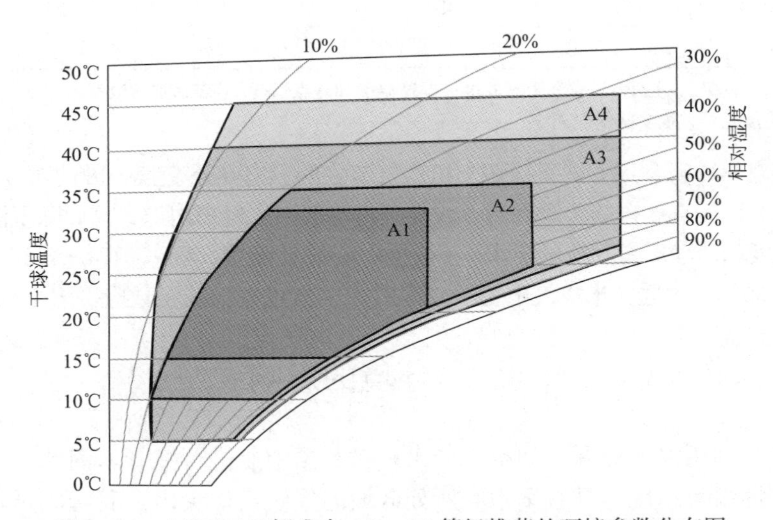

图 2.2-1　ASHRAE 标准中 A1～A4 等级推荐的环境参数分布图

表 2.2-1 给出了数据中心按照冷源介质不同的分类方式，这些自然冷源利用方式都是利用了冷源的某种温度，因其低于机房要求的温度，从而实现热量的交换。其中空气侧根据冷源利用形式的不同，可以是干球温度、湿球温度或近露点温度，水侧则是水温。根据数据中心冷却系统的不同，对自然冷源温度的要求也存在差异。

直接空气冷却的方式不经过中间换热环节，直接利用室外空气冷却机房，所需的冷源温度即为机房要求的温度，但根据利用形式不同，应注意区分是干球温度、湿球温度还是露点温度。

间接自然冷却技术都至少经过一次的热交换环节，按工程经验，取 4～8℃估计换热温差（按气体—气体换热 8℃温差，气体—液体换热 6℃温差，液体—液体换热 4℃温差估计），可估算出不同自然冷源利用方式对冷源温度的要求。除了冷却系统换热环节外，末端形式也会影响对冷源温度的需求，冷热气流掺混越严重，所需的冷源温度就越低。一般地，机柜级冷却末端的气流组织优于列间级，列间级优于机房级，即所需的冷源温度逐渐降低。表 2.2-1 给出了不同数据中心冷却形式对冷源温度的要求。

不同数据中心冷却形式对冷源温度的需求　　表 2.2-1

冷却形式	冷却系统	对冷源温度的需求(℃)
直接冷却	新风直接冷却	$T_{dry} \leqslant 27-X$
	直接蒸发冷却制备冷风	$T_{web} \leqslant 27-X$
	间接蒸发冷却制备冷风	$T_{dew} \leqslant 27-X$
	海水、湖水、江河水直接冷却	$T \leqslant 21-X$
间接冷却	空—空间接冷却	$T_{dry} \leqslant 19-X$
	冷媒循环冷却	$T_{dry} \leqslant 19-X$
	带换热的直接蒸发冷却	$T_{web} \leqslant 19-X$
	直接蒸发冷却制备冷水	$T_{web} \leqslant 21-X$
	间接蒸发冷却制备冷水	$T_{dew} \leqslant 21-X$
	海水、湖水、江河水间接冷却	$T \leqslant 17-X$

注：T_{dry}、T_{web} 和 T_{dew} 分别表示空气干球温度、湿球温度和露点温度，T 表示水的温度，X 表示由于末端形式不同引起的温度差异，视实际情况而定。

由于间接自然冷源利用方式下冷源与机房气流之间只有热量交换，因此对冷源的要求只体现在温度参数上，而直接自然冷源利用方式直接将冷源引入机房内部，因此除了温度需求以外，还对冷源的湿度和洁净度有一定的要求，《数据中心设计规范》GB 50174—2017 中指出机房相对湿度不大于 60%，每立方米空气中大于或等于 0.5μm 的悬浮粒子数应少于 17600000 个。

2.3 环境的影响

自然冷却是利用室外冷源（如空气或水）对数据中心进行冷却，因此自然冷源利用的可行性和经济性很大程度上受数据中心所处区域的气候条件决定。我国幅员辽阔，跨越了多个气候区。根据中国制冷学会团体标准《数据中心用冷水机组性能测试与评价方法》T/CAR8—2021 给出的风冷式及蒸发冷凝式冷水机组温度分布系数全国分区，表 2.3-1 列出了不同分区的代表城市和指标，可作为自然冷源利用的参考。对于某个具体的数据中心，若以空气为自然冷源，除了要了解当地所属的气候区域外，也要考虑历年的气象参数。低温、湿度合适、空气质量较优的地区适合直接自然冷源利用；低温干燥且不缺水的地区适合蒸发冷却技术；低温潮湿或者低温干燥但缺水的地区适合风冷形式的间接自然冷源利用技术。若以水为自然冷源，则需要考察数据中心所在地的自然水体条件，一般来说，温度合适的湖水、水库水或者海水均可能作为数据中心的自然冷源，详见本书第 5 章。

我国不同分区气候主要指标　　表 2.3-1

分区	代表城市	适用地区
1 区	海口、广州、台北、香港、澳门、南宁、福州	$\tau(18) \leqslant 3500$h
2 区	重庆、成都、武汉、长沙、南昌、合肥、南京、杭州、上海	3500h $< \tau(18) \leqslant$ 4900h
3 区	西安、郑州、济南、石家庄、天津、北京、贵阳、昆明	4900h $< \tau(18) \leqslant$ 6000h
4 区	太原、沈阳、长春、哈尔滨、呼和浩特、银川、兰州、乌鲁木齐、西宁、拉萨	$\tau(18) >$ 6000h

注：$\tau(18)$ 表示全年室外空气干球温度 $T \leqslant 18$℃ 的时间。

根据表 2.2-1 所示的不同自然冷源利用形式对冷源温度的要求，忽略由于末端气流掺混造成的温度损失，可以得到不同自然冷源利用形式在我国不同气候区域的典型城市的完全自然冷却利用时间，如表 2.3-2 所示。实际上，当冷源温度高于表 2.2-1 中所示的温度，但低于机房循环空气的最高温度时，可以实现部分自然冷源利用，不足的冷量由机械制冷补充，部分自然冷源利用的时间长短与冷却系统的整体系统形式和运行模式切换机制相关，需要根据实际工程情况另行计算。

不同自然冷却形式在不同气候区域的利用时间（单位：h）　　表 2.3-2

冷却系统形式	4 区（哈尔滨）	3 区（北京）	2 区（上海）	1 区（广州）
新风直接冷却	8372	7900	7162	6572
空-空间接冷却	6590	5468	4722	2663
冷媒循环冷却	6590	5468	4722	2663
直接蒸发冷却制备冷风	8737	8727	8396	8346
间接蒸发冷却制备冷风	8745	8748	8675	8620
带换热的直接蒸发冷却	7364	6663	5676	3689
直接蒸发冷却制备冷水	7940	7315	6410	4459
间接蒸发冷却制备冷水	8250	7737	6609	5014

2.4　其他冷源途径

2.4.1　冷热电联产技术

冷热电联产技术是一种利用天然气为数据中心提供能源的综合能源利用技术。中石油昌平数据中心是我国首个采用冷热电三联供分布式能源系统作为主用能源的数据中心。它以天然气为一次能源用于发电，并利用发电后产生的余热进行制冷或供热，通过对燃气的梯级利用输出电能、热（冷）的分布式能源供应体系，从而提高一次能源的利用率，综合能源利用率达到 80%以上，比传统供能方式提高了 30%～40%。采用这种技术的数据中心一般具备三种供冷方式，主要供冷方式为余热直燃机供冷，以燃气发电过程中产生的高温烟气和高温水为热源，通过余热直燃机的制冷工况进行供冷，当冷量不足时，采用上述提到的其他自然冷却方式或机械制冷方式补充。图 2.4-1 给出了冷热电联产技术的用能示意图。

2.4.2　蓄冷技术

数据中心蓄冷技术是一种人为制造冷源的技术，利用介质的显热或潜热特性将冷量储存于介质之中，在需要时再将冷量释放出来。蓄冷技术对于数据中心虽然不能直接带来节能效果，但由于峰谷电价政策，可带来电费支出的大幅下降。并且由于数据中心的高能耗特性，应用蓄冷技术能解决城市电网的区域失衡问题，提高发电效率和电网输配效率，在供给侧实

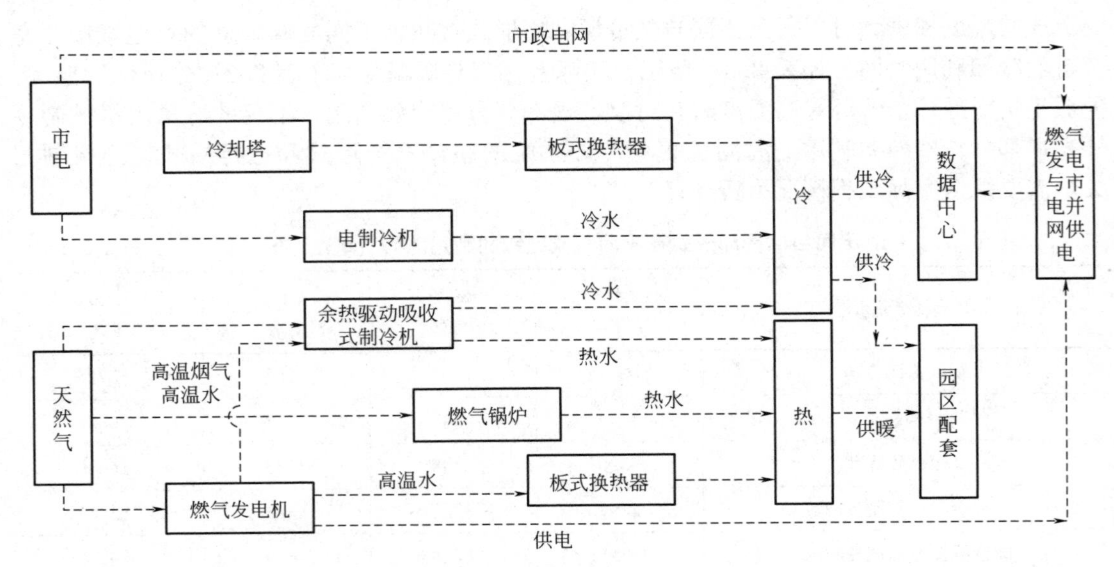

图 2.4-1　冷热电联供示意图

现节能。大容量、高密度蓄冷技术是一项值得在数据中心推广应用的主动式冷源技术。

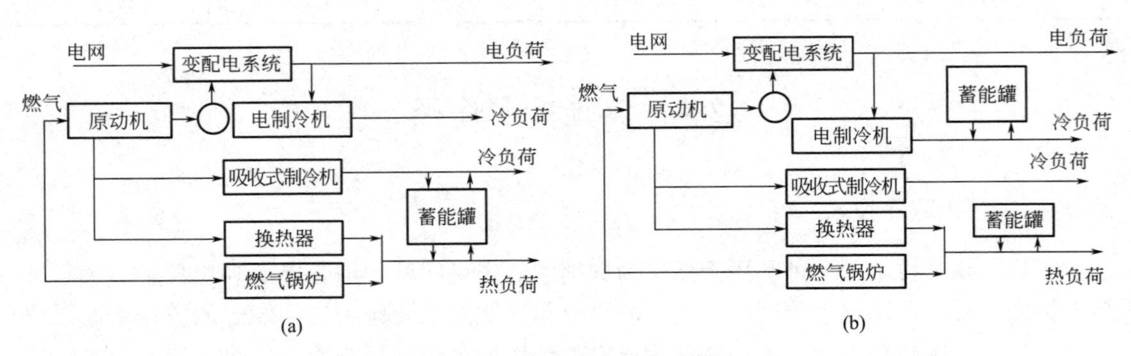

图 2.4-2　传统蓄冷方式示意图

（a）余热蓄冷；（b）低谷电畜冷

传统的蓄冷技术有余热蓄冷和低谷电蓄冷等形式，其中余热蓄冷技术是利用分布式能源系统的余热进行制冷，在满足用户需求的前提下，将余冷进行冷量储存，在余热制冷不足时，利用蓄冷或备用电制冷机进行供冷，如图 2.4-2（a）所示。低谷电蓄冷技术是利用分布式能源的余热制冷进行全部供冷，并在低谷电时开启额外的电制冷机进行制冷储存，在余热制冷不足时，利用蓄冷进行供冷，如图 2.4-2（b）所示。

蓄冷技术还可与新能源相结合，将数据中心建设在新能源丰富的区域，并且直接利用新能源发电富余量（弃光、弃风、弃水）来蓄冷，不但可以作为数据中心的重要冷源之一，还能产生较好的节能减排效益，有助于“双碳”目标在互联网科技行业的实现。图 2.4-3 给出了水蓄冷与含太阳能集热器的分布式能源系统以及冰蓄冷技术与风光分布式能源耦合应用系统的示意图。

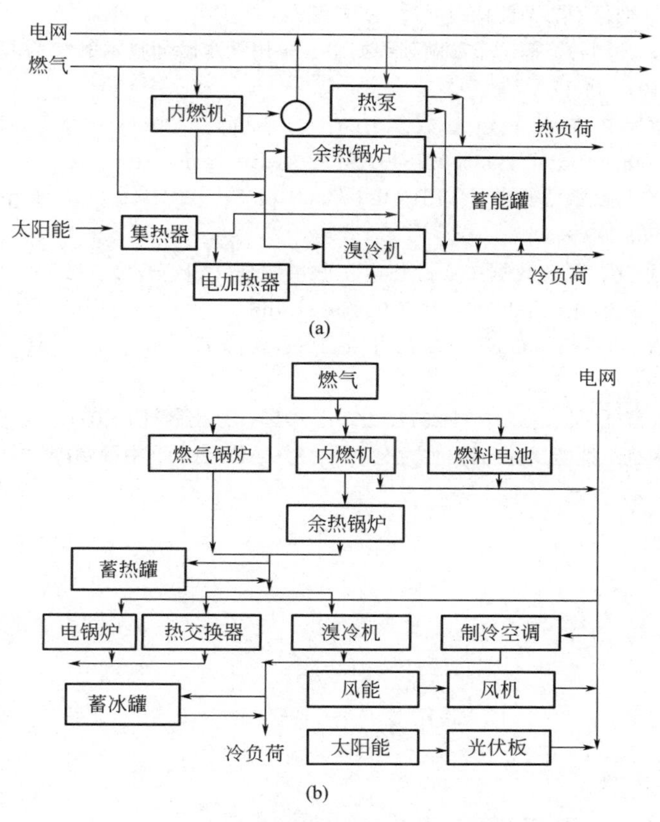

图 2.4-3　结合新能源系统的蓄冷技术示意图

（a）水蓄冷与含太阳能集热器的分布式能源系统；（b）冰蓄冷技术与风光分布式能源耦合应用系统

2.5　本章小节

数据中心自然冷源的利用对其节能的影响重大，目前已有的自然冷源利用技术种类繁多，无论使用哪种自然冷却技术，其可行性和节能效果均取决于数据中心项目所在地的气候条件，而不同的自然冷却技术所适用的范围存在差异，因此在选择自然冷源时，应当充分考虑当地的气候条件、气象参数、室外空气质量、附近水源分布特点、工程规模以及初投资等因素，从用电和用水两个方面分析不同自然冷源的实际应用效果，选择合适的自然冷却技术。

本章参考文献

［1］ Niemann J，Bean J，Avelar V. Economizer modes of data center cooling systems ［R］. Schneider Electric White，2011.

［2］ 钱晓栋．数据机房热管排热系统的火积分析及其应用 ［D］. 北京：清华大学，2013.

［3］ 邱育群，李敏华，原志锋，等．自然冷却风冷冷水机组的控制方法 ［J］. 制冷与空调，2015，15 (1)：21-23.

[4] 黄亦明，杨军志．数据中心节能探讨 [J]. 智能建筑，2013，4：40-42.
[5] 牛晓然，夏春华，孙国林，等．千岛湖某数据中心采用湖水冷却技术的空调系统设计 [J]. 暖通空调，2016，46 (10)：14-17.
[6] 匀琳．微软为什么在水下建造数据中心 [EB/OL]. 2021-01-20 [2021-12-15]. https：//baijiahao. baidu. com/s? id=1689368972840105532&wfr=spider&for=pc
[7] 祝桂峰．国内首个海底数据舱来了 [EB/OL]. 2021-02-24 [2021-12-15]. https：//xw. qq. com/cmsid/20210111A0B53B00
[8] 李嘉菲，谢桦，张芃．图解数据中心冷热电三联供原理 [EB/OL]. 2019-02-15 [2021-12-15]. https：//news. bjx. com. cn/html/20190215/962791. shtml
[9] Datacom ASHRAE. Thermal Guidelines for Data Processing Environments [M]. Atlanta：ASHRAE，2013.
[10] 数据中心设计规范 [S]. GB 50174-2017. 北京：中国计划出版社，2017.
[11] 数据中心用冷水机组性能试验与评价方法 [S]. T/CAR8-2021. 中国制冷学会，2021.

第 3 章　数据中心用高效冷水机组设备

3.1　数据中心用冷水机组总体介绍

数据中心冷却系统由室内末端、输配段和冷源设备组成。冷源设备担负着为数据中心IT设备提供可靠冷源的重任，是传统数据中心冷却系统中能耗最大的部分，因此，也是数据中心节能减排的重要环节。近年来，随着数据中心的快速发展，其能耗问题也受到了广泛关注，对其能源利用效率的要求也越来越严格。各种新型冷却技术在数据中心冷却领域得到推广应用。但是，基于蒸气压缩制冷循环的制冷机组仍是数据中心冷却领域最为成熟也最为可靠的技术和设备。

3.1.1　数据中心用冷水机组发展趋势

针对数据中心的负荷特征，数据中心用冷水机组的节能减排技术路径主要包括：（1）提升蒸气压缩循环效率，如采用高性能的压缩机等核心部件、匹配室内需求提升蒸发温度、通过蒸发冷却降低冷凝温度、通过小压比或变压比设计与控制提高全年运行效率等；（2）构建自然冷却模式、提高自然冷源利用率，并将数据中心选址于天气寒冷地区或接近其他低温自然冷源（如湖水、海水、江河水等）等；（3）将制冷主机、冷却塔、冷却泵等产品进行匹配设计与运行控制，形成集成冷站。当前，用于数据中心冷水机组的供水温度一般都在12℃以上，有的甚至达到了20℃，远高于传统的建筑用冷水机组（供水温度为7℃）；另外，目前用于数据中心的冷水机组基本都具有自然冷却功能。

数据中心用冷水机组已经发展出多种形式，如图3.1-1所示，按照冷却方式可以分为风冷式冷水机组、水冷式冷水机组、蒸发冷凝式冷水机组等；按照压缩机形式可以分为螺杆式冷水机组、离心式冷水机组、磁悬浮离心式冷水机组等；按照是否具有自然冷却功能可分为普通冷水机组和带自然冷却冷水机组；按照与冷却系统其他设备的集成度可以分为独立冷水机组和集成冷站。

3.1.2　数据中心用冷水机组全年性能评价方法

当前国内外冷水机组性能的评价方法主要基于部分负荷系数（*IPLV*）进行，主要是基于传统商用建筑舒适性空调的负荷特征得出的各个部分负荷的工况及时间系数，但是数据中心作为主要保证IT设备工艺要求的建筑，其负荷特征和冷却需求与传统商用建筑明显不同，为了促进研制适用于数据中心用冷水机组，进一步提升数据中心的能源利用效率，中国制冷学会数据中心冷却技术工作组启动了团体标准《数据中心用冷水机组性能测试试验与评价方法》T/CAR 8-2021的编制工作，下面对该标准中关于数据中心用冷水机组的性能评价方法作简要介绍。

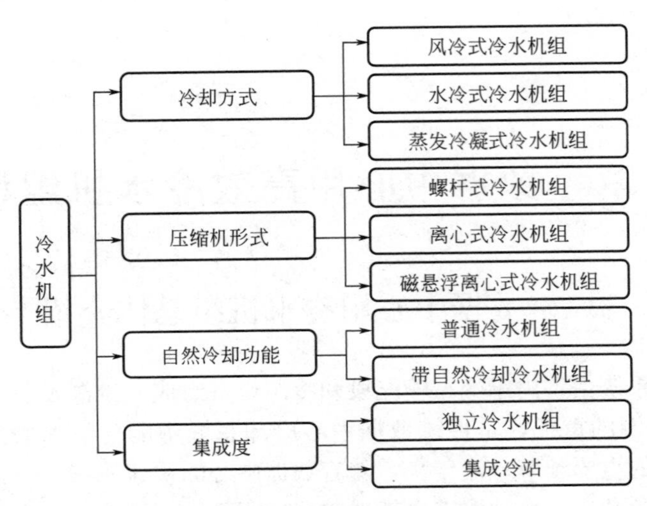

图 3.1-1 数据中心冷源设备

1. 全年性能系数

全年性能系数（Annual Coefficient of Performance，*ACOP*）是表征冷水机组全年运行效率的重要参数，为其全年累计制冷量和全年累计耗电量的比值。为了便于冷水机组的性能测试和 *ACOP* 的计算，依据数据中心的全年负荷特征，根据其标称的使用侧工况（见表 3.1-1），选取 5 个放热侧变温工况（见表 3.1-2），测试其制冷量和输入功率，依据各工况对应环境侧代表温度区间的全年分布系数（见表 3.1-3 和表 3.1-4），根据式 3.1-1 计算其 *ACOP*。

$$ACOP=\frac{k_A Q_A+k_B Q_B+k_C Q_C+k_D Q_D+k_E Q_E}{k_A P_A+k_B P_B+k_C P_C+k_D P_D+k_E P_E} \quad (3.1\text{-}1)$$

式中 $Q_A \sim Q_E$——A～E 等 5 个运行工况下的制冷量，kW；

$P_A \sim P_E$——A～E 等 5 个运行工况下的输入功率，kW；

$k_A \sim k_E$——A～E 等 5 个运行工况对应环境侧代表温度区间的全年温度分布系数。

数据中心用冷水机组使用侧额定工况 **表 3.1-1**

冷水机组形式	冷水出水温度(℃)	冷水回水温度(℃)
高温冷水机组	20	26
中温冷水机组	16	22
低温冷水机组	12	18

数据中心用冷水机组 *ACOP* 放热侧变温工况 **表 3.1-2**

机组类别	试验取样参数(℃)	*ACOP* 放热侧变温工况(℃)				
		A	B	C	D	E
风冷式冷水机组	空气进口干球温度	35	25	15	5	−5
蒸发冷凝式冷水机组	空气进口干球温度	35	25	15	5	−5
	空气进口湿球温度	28	19.4	10.8	2.1	—

续表

机组类别	试验取样参数(℃)	ACOP 放热侧变温工况(℃)				
		A	B	C	D	E
水冷式冷水机组	冷凝器侧进口水温	32	26	20	16	12

水冷式冷水机组不同气候区温度分布系数　　**表 3.1-3**

分区	k_A	k_B	k_C	k_D	k_E	代表城市	适用地区
1区	0.273	0.352	0.195	0.104	0.067	海口、广州、台北、香港、澳门、南宁、福州	$\tau(12)\leqslant 2000h$
2区	0.105	0.236	0.203	0.123	0.159	重庆、成都、武汉、长沙、南昌、合肥、南京、杭州、上海、贵阳、昆明	$2000h<\tau(12)\leqslant 4400h$
3区	0.037	0.189	0.168	0.107	0.097	西安、郑州、济南、石家庄、天津、北京、太原、沈阳	$4400h<\tau(12)\leqslant 6000h$
4区	0.001	0.045	0.147	0.137	0.129	长春、哈尔滨、呼和浩特、银川、兰州、乌鲁木齐、西宁、拉萨	$\tau(12)>6000h$

注：1. τ（12）为全年室外空气湿球温度 $T_s\leqslant 12$℃的时间。

2. 本表依据中国气象局气象信息中心气象资料室与清华大学建筑技术科学系合著的《中国建筑热环境分析专用气象数据集》中所提供的全国主要地面气象站点的全年逐时气象数据。

风冷式及蒸发冷凝式冷水机组不同气候区温度分布系数　　**表 3.1-4**

分区	k_A	k_B	k_C	k_D	k_E	代表城市	适用地区
1区	0.122	0.57	0.277	0.031	0	海口、广州、台北、香港、澳门、南宁、福州	$\tau(18)\leqslant 3500h$
2区	0.074	0.368	0.3	0.246	0.012	重庆、成都、武汉、长沙、南昌、合肥、南京、杭州、上海	$3500h<\tau(18)\leqslant 4900h$
3区	0.046	0.308	0.307	0.245	0.094	西安、郑州、济南、石家庄、天津、北京、贵阳、昆明	$4900h<\tau(18)\leqslant 6000h$
4区	0.015	0.188	0.283	0.231	0.283	太原、沈阳、长春、哈尔滨、呼和浩特、银川、兰州、乌鲁木齐、西宁、拉萨	$\tau(18)>6000h$

注：1. τ（18）为全年室外空气干球温度 $T\leqslant 18$℃的时间。

2. 本表依据中国气象局气象信息中心气象资料室与清华大学建筑技术科学系合著的《中国建筑热环境分析专用气象数据集》中所提供的全国主要地面气象站点的全年逐时气象数据。

2. 数据中心用气候分区

当前我国的建筑气候分区主要采用国家标准《民用建筑设计统一标准》GB 50352—2019 中所给出的我国建筑气候区划，该建筑气候分区，主要依据是当地 1 月和 7 月的月平均温度，对于民用建筑的供暖和空调设计具有重要的意义。但是数据中心冷却系统主要服务于 IT 设备的温度控制，是可靠性要求非常高的工艺性制冷系统；而且数据中心的负荷密度高，全年都需要冷却。室外空气的干球温度/湿球温度不仅会影响冷水机组的性能，还会影响自然冷却的利用时间，因此团体标准《数据中心用冷水机组性能测试试验与评价方法》T/CAR8-2021 中提出了基于室外空气干球温度和湿球温度全年分布小时数的分区方法，主要适用于风冷式冷水机组（由于蒸发冷凝式冷水机组主要在高温时段采用，低温时段也不进行喷水，因此，可参考风冷式冷水机组使用）和水冷式冷水机组。

3.1.3 代表产品全年性能

2021 年度中国制冷学会在全国范围内广泛征集数据中心用先进冷水机组产品，最终遴选出螺杆式蒸发冷凝冷水机组、风冷磁悬浮离心式冷水机组、变频直驱离心式冷水机组、磁悬浮变频离心式冷水机组、极致安全系列磁悬浮离心式冷水机组、环保冷媒磁悬浮离心式冷水机组、集成冷站 7 类优秀产品。依据上述方法和厂家所提供的产品性能数据，对其 *ACOP* 进行计算，如表 3.1-5 所示。

冷水机组/集成冷站 *ACOP* **表 3.1-5**

冷水机组/集成冷站	供水温度（℃）	*ACOP*			
		1 区	2 区	3 区	4 区
蒸发冷凝螺杆式冷水机组(格力)	16	6.14	6.95	7.47	8.76
风冷磁悬浮离心式冷水机组(佳力图)	12	4.67	6.05	6.83	9.20
水冷变频直驱离心式冷水机组(美的)	12	10.57	12.66	13.06	16.42
水冷磁悬浮离心式冷水机组(麦克维尔)	20	11.9	12.25	12.54	12.61
	16	10.23	10.85	11.21	11.88
	12	8.70	9.51	9.79	10.76
环保冷媒磁悬浮离心式冷水机组(约克)	20	11.93	12.61	13.08	14.07
	16	10.11	10.75	11.11	12.00
	12	8.43	9.04	9.20	9.84
极致安全系列磁悬浮冷水机组(海尔)	20	11.09	11.86	12.34	13.93
	16	10.52	11.44	11.94	13.73
	12	9.00	10.05	10.29	11.66
模块化集成冷站(格力)	16	7.65	10.43	12.80	17.62
模块化集成冷站(美的)	17	8.01	10.53	12.55	16.00

3.2 蒸发冷凝螺杆式冷水机组

3.2.1 总体介绍

螺杆式冷水机组是采用螺杆式压缩机的制冷机组，在制冷空调领域有着广泛的应用，在数据中心冷却领域也发挥着重要的作用。由于数据中心内部负荷稳定，受室外环境温度变化的影响很小；数据中心需要全年进行冷却，而室外环境温度全年变化很大，对冷水机组的冷凝温度有着直接的影响。因此，数据中心的上述运行特点和负荷特征，要求冷水机组在提供高效稳定的制冷量的同时，能根据室外环境温度变化调整压缩比以提高小压比下的运行效率。变频螺杆式压缩机可以通过调整转速进而调节制冷剂的流量，从而满足数据中心的制冷负荷需求；另外，可以调整滑阀的位置连续调节压缩机的压缩比，避免过压缩从而提升小压比的压缩效率。变频螺杆式压缩机可以实现压缩比和制冷量的独立调节，在各个运行工况下都处于比较理想的工作状态。

蒸发冷却技术直接应用于冷水机组的冷凝侧（即蒸发式冷凝器），构成蒸发冷凝式冷水机组。由于蒸发式冷凝器通过水的蒸发直接使得制冷剂在冷凝器中冷凝，可以比风冷式冷凝器更容易获得较低的冷凝温度；并且相比于冷却塔＋水冷式冷凝器减少了传热环节，有助于传热性能的提高；在室外空气温度较低时，可以停止喷水，采用干工况制冷运行或进入自然冷却模式。从而实现节能和节水的双重目的。

将螺杆式冷水机组与蒸发冷凝式冷水机组相结合，将两者特点有机结合，即构成了蒸发冷凝螺杆式冷水机组，如图 3.2-1 所示。下面以格力的蒸发冷凝螺杆式冷水机组为例加以介绍。该机组可以与风机盘管、吊立柜及组合式空调、机房空调等末端空气处理机组组成各种大型集中式空调系统。其单模块最大制冷量可达 1300kW，满足－30～45℃全年制冷要求，可根据环境温度自动切换制冷模式，低环境温度下以完全自然冷却制冷模式运行，最大化利用空气冷源，降低系统能耗。

图 3.2-1　机组外观图

机组具有三种制冷模式：压缩机制冷、混合制冷、自然冷却制冷，如表 3.2-1 所示。根据全年室外环境温度的变化，机组可以自适应切换制冷模式，机组系统原理如图 3.2-2 所示。三种制冷模式的基本原理概述如下。

蒸发冷凝螺杆式冷水机组运行策略　　**表 3.2-1**

全年工况		运行策略
夏季	环境：15～45℃	高环境温度运行压缩机制冷模式 ①压缩机开启（可输出 100％能力）； ②自然冷却系统不工作； ③能效：4～7W/W
过渡季节	环境：2～15℃	中环境温度运行压缩机制冷模式＋盘管自然冷却制冷模式 ①压缩机开启（输出部分能力）； ②自然冷却系统开启（输出部分能力）； ③能效：7～13W/W
冬季	环境：－30～2℃	低环境温度运行 100％盘管自然冷却循环 ①压缩机停止不工作； ②自然冷却系统开启（可输出 100％能力）； ③能效：13～40W/W

压缩机制冷模式：机组采用新型蒸发式冷凝器，冷却水在换热管外主动布水成膜，提

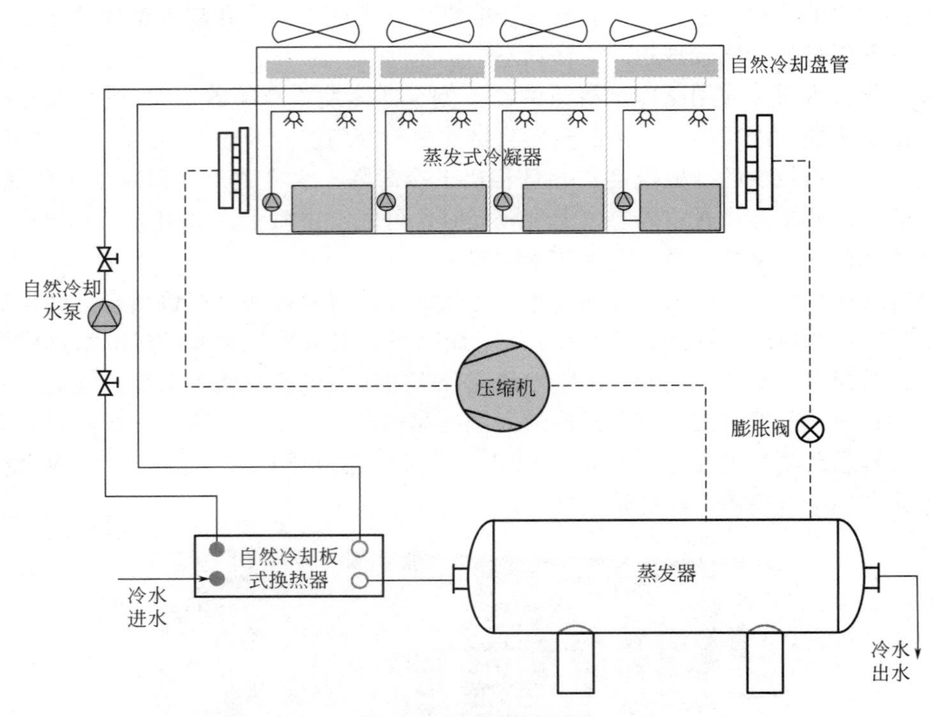

图 3.2-2 系统原理图

高换热管外壁面与水膜之间的换热性能，水膜在换热管表面蒸发带走制冷剂热量，从而使得高温高压的冷媒达到冷凝的效果。

自然冷却模式：一定浓度的乙二醇溶液在自然冷却水泵的作用下，进入自然冷却表冷器中将热量释放到热交换介质（低温空气）中而降温（此时热交换介质被加热），然后低温的乙二醇溶液进入自然冷却板式换热器吸收热交换介质（冷冻水）中的热量而升温（此时热交换介质被冷却）。

混合制冷模式：压缩机制冷与自然冷却制冷相结合，此时压缩机不需要满负荷运行，最大限度地利用低温的自然冷源。

3.2.2 创新技术

1. 具有自然冷却功能、可模块化拼接的集成蒸发冷模块

集成的自然冷却蒸发冷模块，如图 3.2-3 所示，将变频轴流风机、自然冷却盘管、喷淋系统、蒸发式冷凝器、PVC 填料、冷却水泵、水箱集成于一体，有效降低冷却水系统压力损失，提高水泵效率和机组能效。通过模式切换可实现在 2℃以下的低温环境全部利用自然冷源，能效水平最高达 40W/W（专利号：CN202110053607.6）。

2. 主动布水成膜蒸发和降膜冷凝耦合的高效蒸发冷技术

使用新型变流道-横管式高效蒸发冷式冷凝器结构，如图 3.2-4、图 3.2-5 所示，建立蒸发式冷凝过程中传热传质性能的理论模型，通过研究换热器结构特性、风量、喷淋水量对蒸发式冷凝器换热性能的影响，形成多工况下总传热系数最优解，实现“过热-冷凝-过冷”换热过程最优，实现管外主动布水成膜和管内降膜冷凝。相较于常规换热器减少了

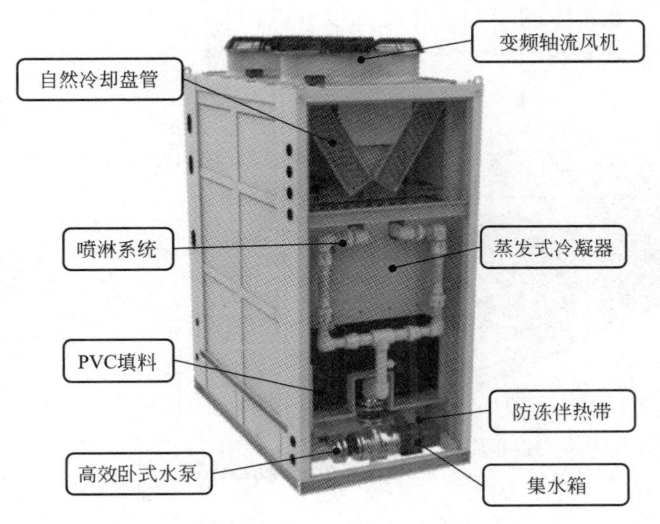

图 3.2-3　集成蒸发冷模块

6.7%的表面积，换热效率提升了 11.7%。

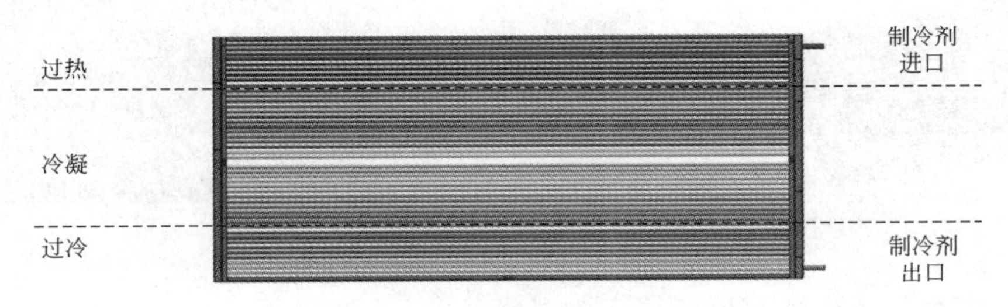

图 3.2-4　冷媒流道示意图

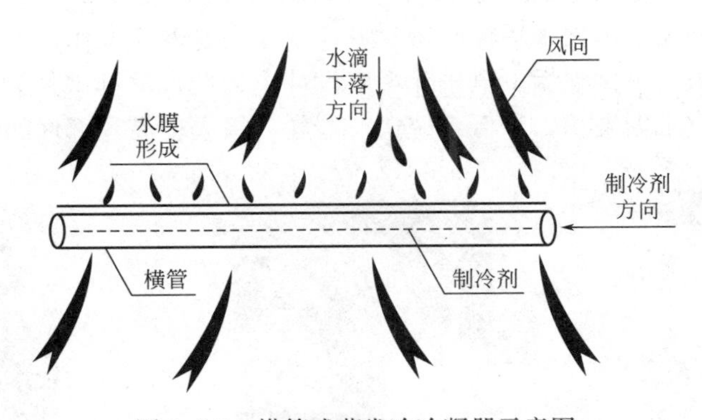

图 3.2-5　横管式蒸发冷冷凝器示意图

3. 多级非对称低流阻多孔布水及均风结构

采用全新的多级分液布膜的均水结构，如图 3.2-6 所示。喷淋水经过 4 级非对称多孔分液，喷嘴密度扩增 3 倍，喷淋密度均匀度提升 11.2%，确保了管外水流均匀布水在换热管表面，解决常规分液不均易导致管外出现蒸发干斑、换热不均的问题。该产品使用了一种非对称气流组织均布装置，研究了单风机逆流风场内部流道分布，攻克了高温高湿气体冷凝热气聚集无法有效排除的难题，冷凝温度有效降低 1.6℃，解决了换热壁面饱和湿空气与湿空气换热效率低下的问题。CFD 仿真及实测如图 3.2-7 所示。

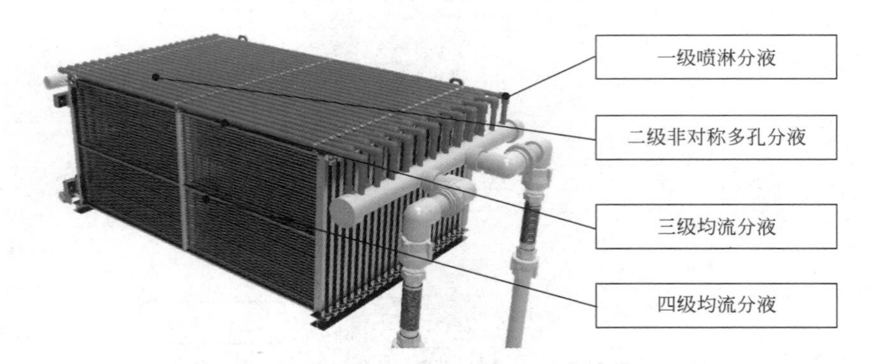

图 3.2-6　多级分液示意图

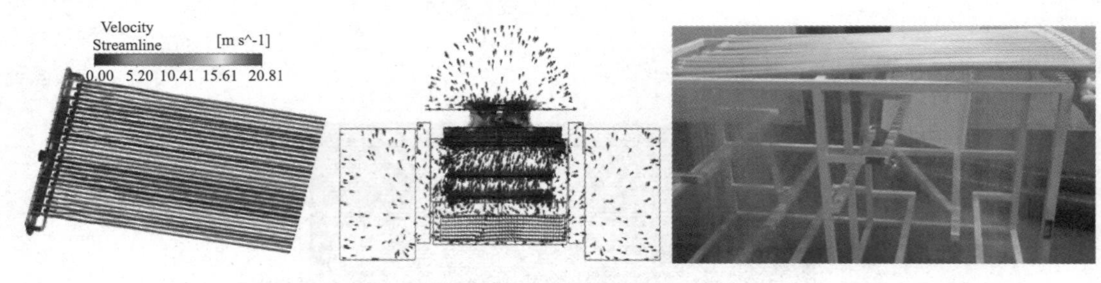

图 3.2-7　CFD 仿真实测图

4. 高可靠性的防漏水及防垢阻垢设计技术

采用一种“几”字框架及面板导水结构，如图 3.2-8、图 3.2-9 所示，实现了零漏水，降低了耗水损失，避免了框架采用橡胶密封方案产生的易老化漏水、寿命短、可靠性差等问题。冷却水系统采用机械除垢+电子除垢双设计，辅助自动排水控制，保证冷却水系统的清洁度，有效阻止水垢堆积，降低系统运行能耗，极大提高零部件的使用寿命。

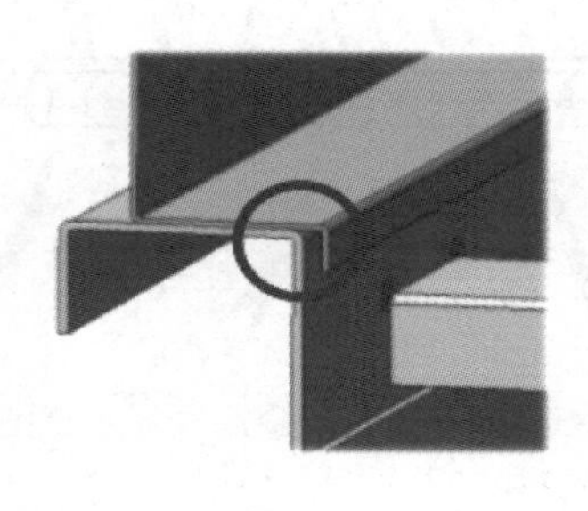
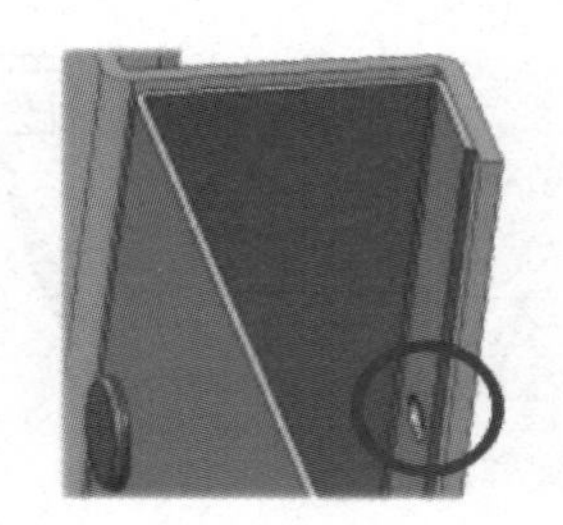

图 3.2-8　“几”字框架及面板导水结构

3.2.3　性能指标

蒸发冷凝螺杆式冷水机组的主要性能指标如表 3.2-2 所示。

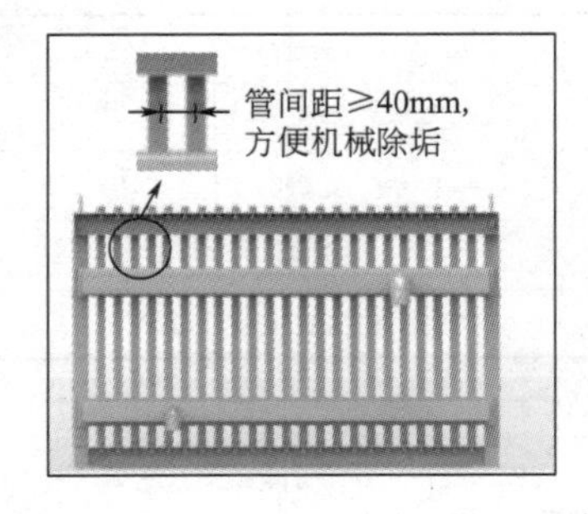

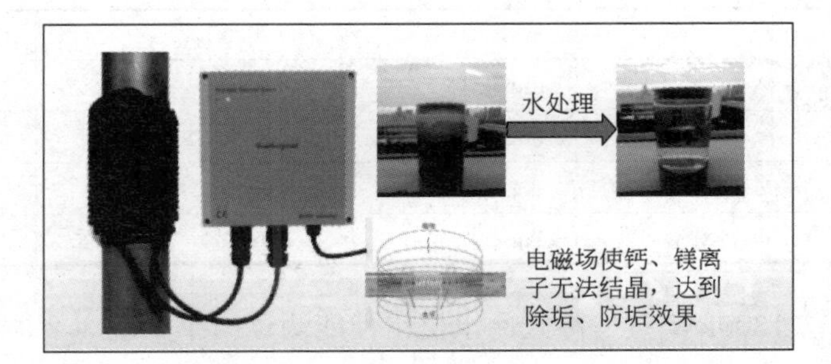

图 3.2-9　多重防结垢设计示意图

蒸发冷凝螺杆式冷水机组主要性能指标　　　　**表 3.2-2**

项目		单位		
制冷量		kW	1000	1300
制冷输入功率		kW	224	276
EER		W/W	4.46	4.71
电源			380V 3N～ 50Hz	380V 3N～ 50Hz
冷量调节范围			12.5%～100%	12.5%～100%
运行控制			微电脑全自动控制，运行状态显示，异常状态报警并记录	微电脑全自动控制，运行状态显示，异常状态报警并记录
启动时间			主机重启时间小于 240s，主机开启到运行达到满载工况时间小于 300s	主机重启时间小于 240s，主机开启到运行达到满载工况时间小于 300s
安全保护			高压保护、低压保护、排气高温保护、压缩机内置保护、压缩机过流保护、缺逆相保护、油位过低保护、空调水流开关保护、低流量报警、系统压差过低保护、油压差过高保护、风机过流保护、水泵过流保护、制冷防冻结保护、传感器故障保护等	高压保护、低压保护、排气高温保护、压缩机内置保护、压缩机过流保护、缺逆相保护、油位过低保护、空调水流开关保护、低流量报警、系统压差过低保护、油压差过高保护、风机过流保护、水泵过流保护、制冷防冻结保护、传感器故障保护等
压缩机形式			高效双螺杆压缩机	高效双螺杆压缩机
压缩机数量			2	2
制冷剂			R134a	R134a
水侧换热器	水阻力损失	kPa	≤70kPa	≤70kPa
水侧换热器	水侧换热器		满液式壳管式换热器＋自然冷却板式换热器	满液式壳管式换热器＋自然冷却板式换热器
水侧换热器	最高承压	MPa	1.6	1.6
水侧换热器	进出水管径	mm	*DN*125＋*DN*125	*DN*125＋*DN*125
水侧换热器	接管方式		法兰连接	法兰连接
冷凝器系统	换热器		不锈钢横管式蒸发冷凝	不锈钢横管式蒸发冷凝
冷凝器系统	变频风机额定风量	m^3/h	133000	152000
冷凝器系统	变频风机额定功率	kW	12	14.4
冷凝器系统	冷却水泵额定功率	kW	12	12
冷凝器系统	循环水量	m^3/h	240	280
冷凝器系统	补水量	m^3/h	1.41	1.5

续表

外形尺寸	宽	mm	13600	13600
	深	mm	2250	2250
	高	mm	3300	3300
净重		kg	19040	19240
运行重量		kg	20944	21164

1300kW 蒸发冷式冷水机组性能测试结果如表 3.2-3 所示。

蒸发冷凝螺杆式冷水机组的三个工况性能测试结果（1300kW）　　表 3.2-3

工况	A	B	C	D	E
冷出水温度(℃)	16	16	16	16	16
进风干球温度(℃)	35	25	15	5	−5
进风湿球温度(℃)	28.1	19.4	10.8	2.1	—
制冷量 *Q*(kW)	1300	1300	1300	1300	1300
输入功率 *P*(kW)	276	219	178	129	81
性能系数 *COP*	4.71	5.94	7.3	10.08	16.05

1000kW 蒸发冷式冷水机组性能测试结果如表 3.2-4 所示。

蒸发冷凝螺杆式冷水机组的三个工况性能测试结果（1000kW）　　表 3.2-4

工况	A	B	C	D	E
冷水出水温度(℃)	16	16	16	16	16
进风干球温度(℃)	35	25	15	5	−5
进风湿球温度(℃)	28.1	19.4	10.8	2.1	—
制冷量 *Q*(kW)	1000	1000	1000	1000	1000
输入功率 *P*(kW)	224	187	160	118	58
性能系数 *COP*	4.46	5.35	6.25	8.47	17.24

3.2.4　应用概述

该产品已接到华为昌平的订单，尚处试验测试阶段，预计 2022 年 6 月投入使用。

3.3　风冷磁悬浮离心式冷水机组

3.3.1　总体介绍

风冷式冷水机组采用室外空气直接冷却制冷机组的冷凝器，形式最为简便，不依赖与不消耗水资源，在高湿地区无需考虑蒸发冷却效果下降的问题，在寒冷地区也无需考虑冷却水侧的防冻温度，因此具有很强的地域和气候适应性。

磁悬浮变频离心机组利用磁悬浮无油运转技术，实现了运转零摩擦，与普通冷水机组相比，使机组运行寿命提高了一倍，减少了油路系统、油泵等零部件故障，可使性能提高30%～50%。另外，由于冷媒中没有润滑油的存在，机组的能效与常规中央空调相比提升了 8%，尤其是在外界环境温度很低时，磁悬浮机组的运行会更加稳定。

将磁悬浮离心冷水机组与风式冷水机组相结合，将两者特点有机结合，即构成了风冷磁悬浮离心式冷水机组，如图 3.3-1 所示。下面以佳力图的集成自然冷却的蒸发冷凝螺杆式冷水机组为例加以介绍。

图 3.3-1　集成自然冷却功能的风冷磁悬浮冷水机组

根据我国气候条件，长江以北的广大地区，随着纬度的增加，可利用自然冷源的时间就越长。夏季气温高，同传统机组一样，磁悬浮变频离心机组完全依靠压缩机进行制冷。春秋过渡季节，使用自然冷源盘管对冷水进行预冷却，压缩机降载运行，此时由压缩机和自然冷却盘管共同制冷。冬季压缩机关闭，冷水回水经过自然冷源盘管，由风机进行冷却，此时压缩机关闭，仅消耗风机功率即可达到 100%自然冷却。三种运行模式如图 3.3-2 所示。

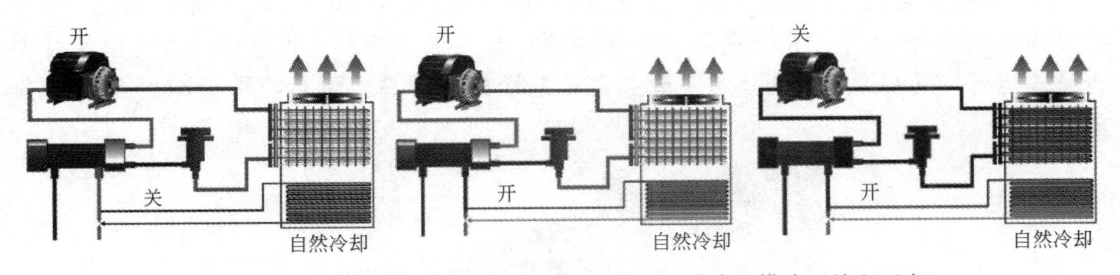

图 3.3-2　压缩机制冷模式、混合模式、完全自然冷源模式（从左至右）

3.3.2　创新技术

（1）压缩机完全无油润滑，全生命周期能效不衰减。

（2）最大可以实现 3 台压缩机并联控制、相互通信，实现压缩机相互轮转匹配，负荷调节能力可以在±4%内波动。

（3）针对数据中心全年制冷应用进行开发，满足快速启动、来电自启、全年运行等技术指标进行设计优化。

（4）针对高水温工况进行优化，可以满足 18℃出水要求。

（5）按照名义工况进行测试，测试结果达到国家节能产品要求，*IPLV* 处于行业领先水准，满足一级能效；此外，噪声比传统离心机组低 4～5dB。

（6）将自然冷却功能与磁悬浮压缩机完美结合，对于数据中心领域，将室外低温空气作为免费的天然冷源，利用室外低空气温度和冷水温差进行自然冷却，极大节省运行费用。

3.3.3 性能指标

MGAS400 风冷磁悬浮冷水机组的主要性能指标如表 3.3-1 所示。

风冷磁悬浮冷水机组主要性能指标　　表 3.3-1

<table>
<tr><td rowspan="7">（代表机型）
MGAS400 风冷
磁悬浮冷水机组</td><td rowspan="2">空气进口干球温度(℃)</td><td colspan="5">试验工况</td></tr>
<tr><td>35</td><td>25</td><td>15</td><td>5</td><td>−5</td></tr>
<tr><td>冷水进/出水温度(℃)</td><td colspan="5">18/12</td></tr>
<tr><td>制冷量(kW)</td><td>400</td><td>400</td><td>400</td><td>400</td><td>400</td></tr>
<tr><td>输入功率(kW)</td><td>101.3</td><td>96.4</td><td>64.5</td><td>15</td><td>7.5</td></tr>
<tr><td>*COP*</td><td>3.95</td><td>4.15</td><td>6.2</td><td>26.67</td><td>53.33</td></tr>
<tr><td>备注</td><td colspan="2">压缩机模式</td><td>混合模式</td><td colspan="2">完全自然冷源模式</td></tr>
</table>

3.3.4 应用概述

1. 实地应用案例一

某公安局数据中心采用了 3 台 400kW 风冷自然冷却磁悬浮机组作为系统冷源，如图 3.3-3 所示，供冷系统末端采用热管列间空调，机房面积 752 m^2，规划柜位 225 个，于 2017 年投入使用，与风冷直膨空调相比每年节约能耗 812800 kWh，无需耗水，预计投资回收期为 2～3 年；充分利用了自然冷源，节约了大量不可再生能源，可以实现混合模式运行，同时通过控制技术实现主要耗电设备协同高效运行，可望减少 50％碳排放量。

图 3.3-3　某公安局数据中心项目

2. 实地应用案例二

某电信公司数据中心采用 6 台 MGAT1350 带自然冷源的风冷磁悬浮冷水机组，如图 3.3-4 所示。该机组先进可靠，体现了绿色数据中心的特点，选用制冷性能系数（*COP*）较高的绿色节能型号，提供自然冷却配置系统并可适应夏热冬冷地区的使用需求。此项目配置全钢制闭式冷却塔，将原 3%的耗水量降低至 1.5%。预计 2～3 年可收回投资成本。

图 3.3-4　某电信公司数据中心机楼

3.4　水冷变频直驱离心式冷水机组

3.4.1　总体介绍

水冷式冷水机组是大型冷水机组的最主要方式，一方面利用冷却塔中水的蒸发冷却所制取的低温冷却水有利于降低冷水机组的冷凝温度提升冷水机组的能效；另一方面也便于大型冷水机组的集成制造以及运输和安装。离心式冷水机组单机头冷量大，在大型数据中心具有非常广泛的应用。采用变频直驱的方式可以有效提高压缩机和整个机组的能效。因此，针对数据中心应用的要求：小压比下高能效、低冷却水温低负荷，快速启动、低谐波等，开发中高温水冷变频直驱离心式冷水机组，解决目前常规中离心机组能耗高、运行范围窄、快速启动时间较长等痛点问题。

下面以美的的水冷变频直驱离心式冷水机组加以介绍，如图 3.4-1 所示。该机组与常规中高温出水离心机组的不同之处在于采用了先进的航天气动技术、水平对置压缩技术、单轴直驱技术、双级补气增焓压缩技术、全降膜蒸发技术、高速变频技术、双重防喘振技术、极速启动技术和低环温运行等核心技术，全系列机组达到国家双一级能效，具有高效节能、稳定可靠、宽频运行、静音环保、节省费用等特点。

3.4.2　创新技术

变频直驱离心机组突破了传统中高温出水离心机组能效低、噪声大、运行范围窄等难题，主要创新如下：

图 3.4-1　水冷变频直驱离心式冷水机组

（1）首创智能变频双级水平对置离心压缩机，两级叶轮双向水平对置加上电机直接驱动（见图 3.4-2），解决了传统叶轮串列式离心压缩机气动效率不高、齿轮传动损失大、可靠性低等问题，并通过独特的双层隔声腔降噪技术有效降低了运行噪声，实现了机组高效、可靠运行。

图 3.4-2　水平对置单轴直驱结构

（2）采用数据中心专用高效叶轮，全流场三维仿真多目标设计，确保额定点和部分负荷下均处于高效区间，得到更高的 *NPLV*。

（3）使用超宽频运行技术，特殊设计的宽转速范围滑动轴承，通过对轴承油膜的变转速仿真优化，满足数据中心最低工作转速的要求，实现小压比工况下高效稳定运行。

（4）低环境温度场景下，采用系统高低压差＋水路旁通＋可调节流等智能联合控制，动态调整，实现冷水出水温度等于冷却水进水温度的“零温差”运行。

（5）采用双重回油系统，由引射器回油和电动回油泵并联组成，实现全工况回油自动切换。

（6）供油系统配置紧急供油装置，加上独特的快速启动控制方式，30s 实现断电恢复后的快速启动，充分契合数据中心运维要求。

（7）一体化机载变频柜设计，节约机房空间。自动功率因素修正，低压机组达到 0.95，专业谐波治理方案满足 IEEE 519 及现行国家标准《电能质量　公用电网谐波》GB/T 14549（总谐波畸变率 THD＜5％）。

3.4.3　性能指标

变频直驱离心机组 CCWF-EVSH 系列产品的规格如表 3.4-1 所示。

变频直驱离心机组规格表　　**表 3.4-1**

产品系列型号	CCWF-EVSH
冷量范围	350～1700RT
产品尺寸	4.1m×1.9m×2.15m 至 5.2m×2.6m×3.25m
产品重量	4970～17175kg

以白云机场项目机组冷量 450RT 产品为例，变频直驱离心式冷水机组依据中国制冷学会团体标准《数据中心用冷水机组性能测试与评价方法》T/CAR 8-2021 中规定工况的产品技术参数如表 3.4-2 所示。

450RT 机组技术参数　　**表 3.4-2**

满负荷百分比	制冷量(RT)	性能系数 *COP*(kW/kW)	蒸发器		冷凝器	
			进水温度(℃)	出水温度(℃)	进水温度(℃)	出水温度(℃)
100%	450	7.622	18	12	32	38
100%	450	9.947	18	12	26	31.83
100%	450	13.73	18	12	20	25.68
100%	450	18	18	12	16	21.58
100%	450	25.91	18	12	12	17.49

3.4.4　应用概述

广州白云国际机场扩建工程 T2 航站楼是国家“十二五”规划和《珠江三角洲地区改革发展规划纲要（2008-2020 年）》的重点项目（见图 3.4-3）。白云机场满足年旅客吞吐量 8000 万人次、货邮吞吐量 250 万 t、飞机起降量 62 万架次的使用需求。白云机场综合信息大楼主要承担机场运行控制中心和信息技术中心这两部分核心功能，由信息机房、业务管理用房和值班用房等功能组成。

图 3.4-3　白云国际机场外观图

1. 建筑面积

广州白云国际机场 T2 航站楼总建筑面积 60 万 m^2。

2. 主机选型

20 台超高效全降膜高压变频离心机组、10 台高效中高温出水变频直驱离心机组、226 台空气处理机组，以及设备间使用的 15 台机房空调，总制冷量达到 35680RT。数据中心位于调度大楼的西侧，发电机房、变配电房、不间断电源间等设在地下一层，UPS 及电池室、信息主机房、网络机房、离港系统主机房分设在二～五层，六层为预留弱电机房。本数据中心为 A 级机房，设专用冷源。冷水供/回水温度为 12℃/18℃，冷却水供/回水温度为 32℃/37℃。机场项目机组配置如图 3.4-4 所示。

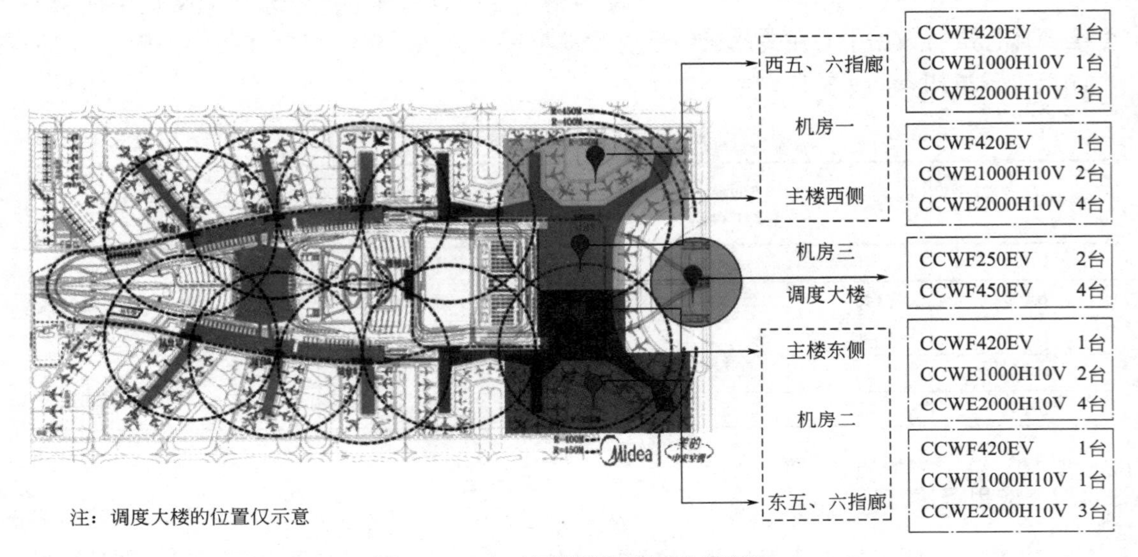

图 3.4-4　白云国际机场项目机组配置

3. 冷源系统

数据中心空调系统计算空调总冷负荷约为 3478kW，设置 1 个制冷机房。项目装机量为安装 4 台制冷量为 2461kW（450RT）的离心式冷水机组，为保障可靠性配置为 2+2。

为了使数据中心运行更为节能高效，在设计选型过程中对整个主机选型数据进行了详细的比选和分析，最终采用了中高温出水变频直驱离心机组。在冷水机组冷凝侧和蒸发侧均为定流量工况下，根据相同的负荷需求、不同的参数工况，选定了 4 个常用的方案进行对比，如表 3.4-3、图 3.4-5、图 3.4-6 所示。通过参数对比可以看出：方案四部分负荷运行能效值最高，全工况负荷为多个方案中最优。

主机选型参数对照表　　**表 3.4-3**

序号	主机类型	主机工况		选型参数			
		冷水	冷却水	制冷量	额定功率	*COP*	*IPLV*
方案一	定频离心机组	7℃/12℃	32℃/37℃	1582kW(450RT)	277.0kW	5.712	6.331
方案二	变频直驱离心机组	7℃/12℃	32℃/37℃	1582kW(450RT)	255.8kW	6.186	9.206
方案三	定频离心机组	12℃/18℃	32℃/37℃	1582kW(450RT)	247.4kW	6.394	6.347

续表

序号	主机类型	主机工况		选型参数			
		冷水	冷却水	制冷量	额定功率	*COP*	*IPLV*
方案四	中高温出水变频直驱离心机组	12℃/18℃	32℃/37℃	1582kW(450RT)	207.6kW	7.622	11.59

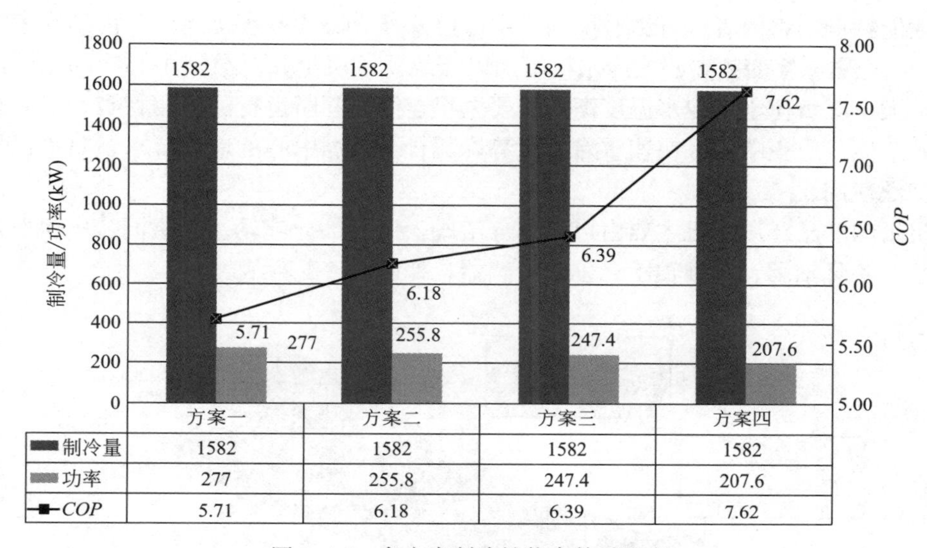

	方案一	方案二	方案三	方案四
制冷量	1582	1582	1582	1582
功率	277	255.8	247.4	207.6
COP	5.71	6.18	6.39	7.62

图 3.4-5　各方案制冷性能参数对照表

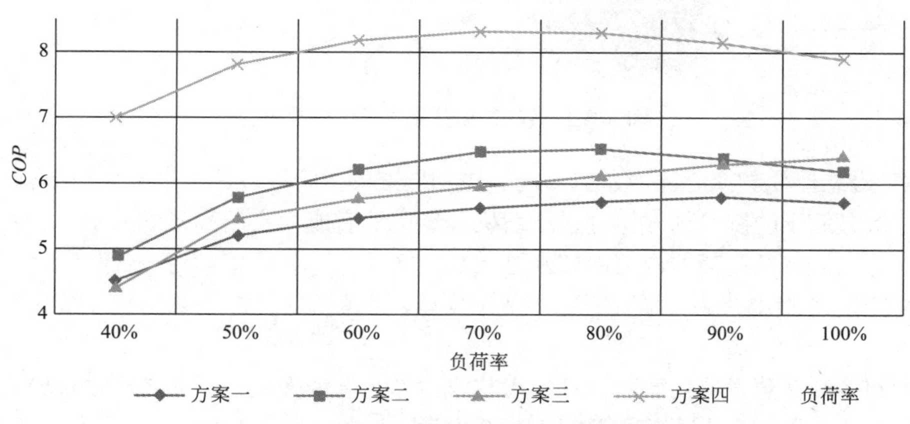

图 3.4-6　各方案部分负荷工况下性能参数对照表

4. 节能效果

经技术分析和实测数据对比，中高温（蒸发侧 12℃/18℃，冷凝侧 32℃/37℃）出水变频直驱离心机组相对于同冷量标准工况（蒸发侧 7℃/12℃，冷凝侧 32℃/37℃）定频离心机组节能率（50％以上负荷率工况）可达到 31.0％；相对于同冷量标准工况（蒸发侧 7℃/12℃，冷凝侧 32℃/37℃）变频直驱离心机组，节能率（50％以上负荷率工况）可达到 22.8％。

3.5 水冷磁悬浮变频离心式冷水机组

3.5.1 总体介绍

如上文所述，水冷式冷水机组和磁悬浮离心式冷水机组，都具有非常适用于大型数据中心的性能特点，将两者进行结合即构成水冷磁悬浮离心式冷水机组。下面结合麦克维尔的 WXE 水冷磁悬浮变频离心式冷水机组加以介绍。该机组针对数据中心冷却系统具有冷负荷需求大、湿负荷小、冷水温度高，需要全年连续不间断运行的应用特点，具有稳定可靠、高效节能、避免喘振、快速重启等优势，契合了数据中心的应用要求，目前已经在数据中心广泛使用。

该机组的磁悬浮压缩机主要由以下部分组成：压缩部分叶轮、永磁同步电机驱动、磁悬浮轴承、备降轴承、止推轴承、位移传感器，如图 3.5-1 所示。

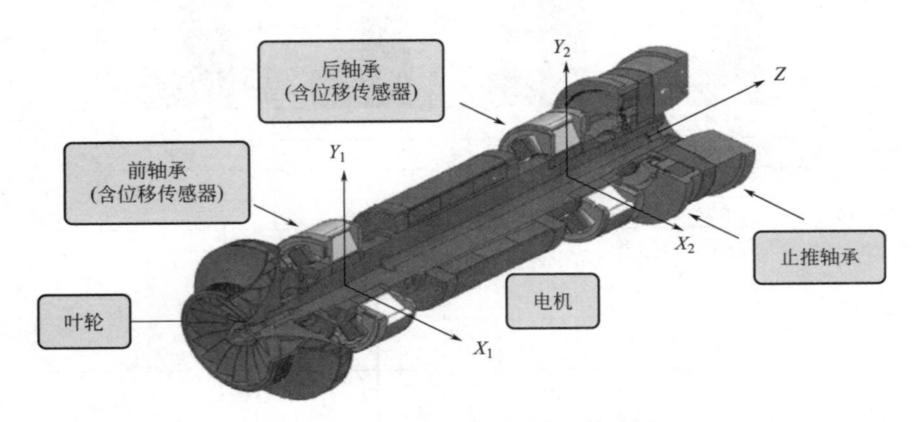

图 3.5-1 WXE 磁悬浮压缩机构造图

WXE 磁悬浮变频离心式冷水机组构造图如图 3.5-2 所示，其工作原理如下：

（1）低温低压的制冷剂气体进入压缩机，经压缩后成为高温高压的气体，由压缩机排出后进入冷凝器，在冷凝器内与冷却水进行热交换。

（2）经过冷凝器冷凝后的高压制冷剂液体，在膨胀阀内节流，降温降压后进入蒸发器。

（3）制冷剂在蒸发器内蒸发，利用潜热将冷冻水温度降低，从而将冷量带给客户。

（4）制冷剂气体进入压缩机开始下一个循环。

该产品的主要特征如下：

（1）绿色环保：采用 R134a 制冷剂，对大气臭氧层无破坏作用，蒙特利尔协议中无淘汰年限；无需负压制冷剂（如 R123 制冷剂）机组的吹除系统，即机组运行时无制冷剂定期排放至机房或大气中，机房无需加大通风系统的容量，同时减少了设备的初投资。

（2）高效节能：采用具有发明专利的磁悬浮离心压缩机（专利号 US 20080115527A1），避免摩擦耗能，搭配高效 3D 叶轮，在标准工况下，满负荷 *COP* 可高达 7.0，综合部分负荷效率 *IPLV*（GB）可高达 10.1，具有 *COP*/*IPLV* 双高能效优点。

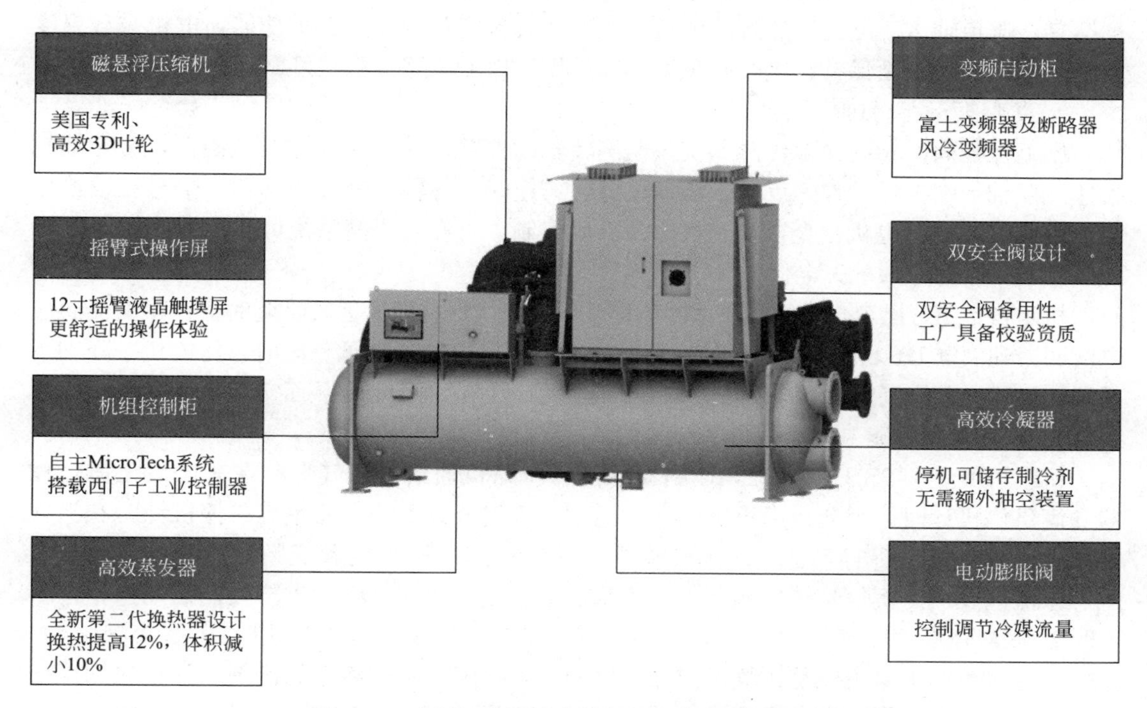

图 3.5-2　WXE 磁悬浮变频离心式冷水机组构造图

（3）无油无忧：磁悬浮离心机组系统无需润滑油，相比传统离心机，避免了随运行时间日积月累导致的润滑油混入换热器，影响效率的问题，在机组全生命周期运行费用最大化节省，为客户获得最高的投资回报。同时，磁悬浮压缩机在运转过程中，转轴因为磁力而悬浮、与轴承无接触，没有机械摩擦，大大降低了压缩机的机械损失。

（4）突然断电保护：电力系统突然断电时，磁悬浮压缩机的永磁同步电机由于惯性继续高速旋转，此时电机切换为发电机模式，产生的电能为磁悬浮轴承继续供电。电机减速至正常范围时，滚珠备降轴承保证电机继续安全转动并提供支撑，直至机组顺利停机，避免主轴和电磁轴承之间出现碰撞导致电磁轴承的损坏。

（5）运行振动低：磁悬浮机组对周边设备及建筑物基本没有振动影响，免去高昂的减振设备费用。

（6）出厂性能试验：磁悬浮离心机出厂前，均会通过 AHRI 和 CNAS 双重认可的测试站台，模拟用户工况进行性能检验，读取机组实际运行过程中的关键参数，如制冷量、输入功率、水压降等，保障供给用户的设备满足客户技术要求。并且出厂前已充注开机调试所需冷媒以及润滑油，确保客户购买到可以直接使用的设备。

3.5.2　创新技术

在数据中心应用场景中，WXE 磁悬浮变频离心式冷水机组具有能效高、运行稳定、快速启动等优势，主要创新技术体现如下：

1. 轴承冷却系统

压缩机内定子、转子均有独立的冷却系统，均采用液态冷媒冷却的方式，确保工作温度适宜，避免轴承温度过高导致的消磁问题。并具备完善的温度保护功能：电机减载温度保护、电机停机温度保护、电机间隙温度保护等，保障压缩机稳定可靠运行。

2. 防喘振运行范围广

压缩机径向、轴向间隙传感器实时监测转轴的位置，并反馈信号至控制器，避免叶轮失速。磁轴承喘振保护快速反应，压缩机即将失速时，磁轴承受力不均匀，信号反馈给压缩机控制器，发出停机指令，快速反应并准确控制，可有效提高系统可靠性。

3. IPS、备降轴承失电保护

机组自带 IPS 电容，压缩机突然断电停机后，电机保持高速运转，此时会产生交流感应电流回馈到供电 IPS，IPS 将交流电转换为直流最后供电给磁轴承。同时，压缩机备降轴承系统，保障主轴停机后可以自由转动，并最终平稳地停在轴承上，从而实现顺利停机。

4. 快速重启功能

机组可配置 UPS 开启电源，控制器保持与压缩机通信，吸气导叶在来电后无需自校验和满足停机计时，因此快启机组的启动比常规机组节省了控制器重启、停机计时和吸气导叶自校验时间。断电 25s 内重新来电后，PLC 检查与压缩机和变频器的通信、检查水温、水流以及压缩机信号等启动条件，确认以上启动条件满足后，PLC 发出启动指令。

5. 喷液降噪

机组噪声的来源主要是压缩机排气产生的高频噪声，利用液态制冷剂，其在遇到压缩机排气口的高温排气时会变成雾状，通过吸收部分排气热能，降低制冷剂的动能和速度，进而降低噪声。从冷凝器引入液态制冷剂，通过排气口处的环状排列的通孔进行喷射，能有效地将噪声降低 3～5dB。

3.5.3 性能指标

WXE 磁悬浮变频离心式冷水机组的主要性能指标如表 3.5-1 所示。

磁悬浮变频离心式冷水机组主要性能指标 **表 3.5-1**

系列	WXE
制冷剂	R134a
制冷量	400～1500RT
应用	制冷
压缩形式	单级压缩
驱动方式	直接驱动
电机形式	半封闭式/永磁同步电机
电机冷却	冷媒
蒸发器	满液
冷凝器	壳管式
节流装置	电动膨胀阀
冷媒隔离阀	标配
显示屏	12′触摸屏（嵌入式/摇臂式）
标配启动方式	机载变频

冷水机组按照中国制冷学会团体标准《数据中心用冷水机组性能测试与评价方法》T/CAR 8-2021 规定的 *ACOP* 工况提供的性能测试数据如表 3.5-2～表 3.5-4 所示。

机组在高水温度下工作情况　　表 3.5-2

性能参数	冷却水进水温度(℃)		
	32	26	20
换热量(kW)	3165	3165	3165
冷水进水温度(℃)	26	26	26
冷水出水温度(℃)	20	20	20
冷水流量(L/s)	126.5	126.5	126.5
冷却水出水温度(℃)	38	32	26
冷却水流量(L/s)	139.6	136.4	136.7
机组输入功率(kW)	308.4	239.9	254

机组在中水温下工作情况　　表 3.5-3

性能参数	冷却水进水温度(℃)			
	32	26	20	16
换热量(kW)	3165	3165	3165	3165
冷水进水温度(℃)	22	22	22	22
冷水出水温度(℃)	16	16	16	16
冷水流量(L/s)	126.3	126.3	126.3	126.3
冷却水出水温度(℃)	38	32	26	22
冷却水流量(L/s)	142.4	138.8	136.7	137.3
机组输入功率(kW)	382	295.6	254	269.4

机组在低水温下工作情况　　表 3.5-4

性能参数	冷却水进水温度(℃)				
	32	26	20	16	12
换热量(kW)	3165	3165	3165	3165	3165
冷水进水温度(℃)	18	18	18	18	18
冷水出水温度(℃)	12	12	12	12	12
冷水流量(L/s)	126.1	126.1	126.1	126.1	126.1
冷却水出水温度(℃)	38	32	26	22	18
冷却水流量(L/s)	145.5	141.6	138.4	137.3	158.8
机组输入功率(kW)	460.3	369.1	292.4	269.4	294.9

3.5.4 应用概述

国家超级计算济南中心（以下简称“济南超算”）由科技部批准成立，创建于2011年，是从事智能计算和信息处理技术研究及计算服务的综合性研究中心，也是我国首台完全采用自主处理器研制千万亿次超级计算机“神威蓝光”的诞生地，总部位于济南市超算科技园，如图3.5-3所示。

图3.5-3 国家超级计算济南中心

国家超级计算济南中心建有国内首台完全用自主CPU构建的千万亿次超级计算机（2011年），2018年建成E级计算原型机，2019～2022年在建百亿亿次超算平台、人工智能平台、工业互联网平台、大数据平台等重大基础设施；建有全球首个超算科技园，总投资108亿元，总建筑面积达69万m^2，其中已完成一期工程22万m^2。该中心的建成标志着我国成为继美国、日本之后能够采用自主CPU构建千万亿次计算机的国家。该中心系三大国家千万亿次超级计算中心之一，另两个中心为国家超级计算天津中心、国家超级计算深圳中心。

超级计算机CPU运算温度高，计算负荷大，能耗高，复合瞬间波动大，加减载迅速，要求制冷主机稳定高效；本项目选用4台变频离心式冷水机组，3台自主磁悬浮离心式冷水机组，27台模块化磁悬浮机组。冷水供/回水设计温度为15℃/21℃，使用一次泵变流量系统。冷源系统运行工况分为三种模式：制冷模式、预冷模式、节能模式；夏季工况时，冷水机组运行，冷机提供全部冷量；预冷模式时采用冷水机组＋板式换热器联合运行方式，预冷板式换热器承担20％～70％的冷负荷，不足部分由冷水机组补充供冷，实现部分免费供冷；节能模式采用冷却塔＋板式换热器的供冷方式，实现完全免费制冷。

3.6 极致安全系列磁悬浮冷水机组

3.6.1 总体介绍

超级计算中心集群逻辑上是集中式的，针对计算密集型任务更强调并行计算（以获得高性能)，各节点任务前后依赖，对节点之间数据交换的延迟要求非常高。虽然制冷系统存在冗余设计，但对冷却设备的安全要求也更加严苛。数据中心用冷水机组须兼顾高能效与高安全性，下面结合海尔公司开发的极致安全系列磁悬浮冷水机组加以介绍，如图 3.6-1 所示。该机组通过实现以下目标来保证进行超算任务时的持续可靠高效供冷：

(1) 极限工况下（如冬季自然冷却切换失效）冷水机组的高效稳定运行；

(2) 根据超算中心运行负荷变化的超快速响应；

(3) 冷水机组超宽运行范围；

(4) 冷水机组断电后的快速重启；

(5) 提升超算中心冷却系统在负载经常急剧变化时的能效。

图 3.6-1　极致安全系列磁悬浮冷水机组图

极致安全系列磁悬浮冷水机组相对于常规磁悬浮离心机组而言，其主要特性如下：

(1) 可在冷却水温低于冷水温度时（反转工况）高效稳定运行，极限稳定运行工况冷却进水/冷出水：5℃/30℃；而常规机组压比＞1.5。

(2) 可在 60s 内完成冷水机组 10%～100%的加减载；常规机组＞3min。

(3) 冷水出水温度可在 5～25℃任意可调，冷却水进水温度可在 5～38℃稳定运行；常规机组冷水出水温度为 5～20℃，冷却水进水温度为 10～35℃。

(4) 最快可在 8s 内完成压缩机断电后的来电重启；常规机组为 5～10min。

(5) 在宽工况运行时仍保证高能效比。

3.6.2　创新技术

1. 压缩机主动冷却技术

在低压比状态下，压缩机冷却流量不足，导致变频器、电机温度升高，压缩机内部限制阻塞转速，使压缩机输出能力变弱甚至无法正常运转。该产品创新应用了制冷剂循环泵，同时优化压缩机控制参数，在满足制冷量要求的前提下，解决变频器和电机的温升问题，可以在低压比甚至反转工况时高效稳定运行。

2. 压缩机耦合控制技术

在超级计算机中心负载极速上升时，本产品可以耦合负载、虚拟压比、目标水温、蒸发温度等参数，同时配置 low-lift 功能模块，使机组快速加载。当负载极速下降时，通过耦合负载、目标水温、蒸发温度和开启机头数，控制关闭机头，打开热气旁通，实现快速减载。

3. 零延时重启技术

增设传感器，自动判定断电、来电后的机组与压缩机状态，使压缩机间隔启动时间由原 5min 缩短到 0s，压缩机与电机预冷时间由原 90s 缩短到 0s，在 I/O 板未断电时，压缩机于 8s 完成正常重启。

4. 多机头控制技术

自主研发的高效磁悬浮运行策略，根据压缩机 CPR 选型软件，输出压缩机制冷量、制冷功率和 *COP* 的拟合公式；通过采集相关参数，可计算机组当前制冷量和 *COP*。基于当前计算的参数，对比不同压缩机数量组合后的 *COP*，PLC 控制器执行计算最高 *COP* 运行策略；多台磁悬浮冷水机组并联使用，所有机组出水温度目标值一致、出水温度接近，机组间根据用户设定的冷水出水温度为目标（可设定）进行控制。

3.6.3 性能指标

型号为 LSBLX1200/R_4（BP）-HPCC 的磁悬浮冷水机组的主要性能指标如表 3.6-1 所示。

磁悬浮冷水机组主要性能指标 **表 3.6-1**

项目		单位	数值
制冷量		kW	4776
输入功率		kW	522
COP		kW/kW	9.15
单压机启动电流		A	2
最大运行电流		A	1380
最大输入功率		kW	845
供电电源形式		—	3～380V,50Hz
蒸发器	形式	—	满液式壳管换热器
	进出水温度	℃	26/20
	进出水管径	mm	350
	水流量	m^3/h	684
	水侧流程	—	2
冷凝器	形式	—	卧式壳管换热器
	进出水温度	℃	32/38
	进出水管径	DN	350
	水流量	m^3/h	759
	水侧流程	—	2
水侧接管方式		—	法兰
制冷剂	类型	—	R134a
外形尺寸	长	mm	5400
	宽	mm	3200
	高	mm	2600

冷水机组按照中国制冷学会团体标准《数据中心用冷水机组性能测试与评价方法》规定的 *ACOP* 工况提供的性能测试数据如表 3.6-2～3.6-4 所示。

机组在高水温度下工作情况　　**表 3.6-2**

制冷量		kW	4776	4776	4776	4776	4776
输入功率		kW	522	423	317	274	283
COP		kW/kW	9.15	11.28	15.08	17.45	16.88
蒸发器	进出水温度	℃	26/20	26/20	26/20	26/20	26/20
	水流量	m^3/h	684	684	684	684	684
冷凝器	进出水温度	℃	32/38	26/32	20/26	16/22	16/23
	水流量	m^3/h	759	745	730	724	725

机组在中水温下工作情况　　**表 3.6-3**

制冷量		kW	4488	4488	4488	4488	4488
输入功率		kW	538	435	333	283	252
COP		kW/kW	8.34	10.32	13.48	15.87	17.84
蒸发器	进出水温度	℃	22/16	22/16	22/16	22/16	22/16
	水流量	m^3/h	643	643	643	643	643
冷凝器	进出水温度	℃	32/38	26/32	20/26	16/22	12/18
	水流量	m^3/h	720	706	691	684	679

机组在低水温下工作情况　　**表 3.6-4**

制冷量		kW	4304	4304	4304	4304	4304
输入功率		kW	606	492	404	342	313
COP		kW/kW	7.10	8.75	10.66	12.60	13.74
蒸发器	进出水温度	℃	18/12	18/12	18/12	18/12	18/12
	水流量	m^3/h	617	617	617	617	617
冷凝器	进出水温度	℃	32/38	26/32	20/26	16/22	12/18
	水流量	m^3/h	704	687	675	666	662

3.6.4 应用概述

该产品已应用于北方某国家 E 级超算中心，单机柜功率约 100kW，全部采用极致安全系列 1200RT 磁悬浮冷水机组供冷，末端采用定制全冷板式液冷，载冷剂为纯水。2020 年投入使用，全年运行综合 *PUE*＝1.15，其中冷水机组全年能效 *ACOP*≈20。在各种极端工况下，高效可靠地保证了全年超算中心计算机群的安全运行。

3.7 环保冷媒磁悬浮离心式冷水机组

3.7.1 总体介绍

随着我国数据中心对于 *PUE* 的要求越来越严苛，加之低碳排放等新政策要求，制冷行业急需一款集高效、低碳排放、绿色无污染于一身的产品。相较于常规冷水机组，约克的 YZ 环保冷媒磁悬浮离心式冷水机组（见图 3.7-1）效率高，*PUE* 小，噪声、振动低，同时系统无油，杜绝了油污染。该机组应用新型零碳排放的环保冷媒 R1233zd（ODP=0，GWP=1），杜绝泄漏及维修排放造成的碳排放，集绿色、环保、高效于一身。

图 3.7-1 YZ 系列环保冷媒磁悬浮离心式冷水机组

YZ 磁悬浮离心式冷水机组采用蒸汽压缩循环制冷原理，利用新型高效低压低 GWP 制冷剂的特性，优化压缩机气动设计，标配磁悬浮轴承和变频直驱装置，使整机效率无论在满负荷还是部分负荷均达到最优。整机主要包括磁悬浮压缩机，变频器，蒸发器，冷凝器和节流阀。

作为新一代高效离心式冷水机组，该机组可以根据客户需求专业定制，拥有节能高效、运行费用低、绿色环保四大特点：

1. 节能高效

该机组使用磁悬浮轴承及变频技术，结合新型低 GWP 高效环保冷媒 R-1233zd（E）全面优化设计，超越传统离心机能效。相较目前自家公司的传统磁悬浮变频离心式冷水机组，该机组满负荷效率可提升高达 5%，部分负荷效率可提升高达 7%。在 AHRI 标准工况下，该机组满负荷效率高达 7.3，*IPLV* 高达 12.2。

2. 宽广的运行范围

相较于传统磁悬浮变频离心式冷水机组，YZ 型号机组的运行范围更为宽广，如图 3.7-2 所示，不仅能在高冷却水温度和常规冷却水温度下运行，而且能够在超低冷却水温度下高效稳定运行。低温冷却水工况下运行能带来冷水机组效率的显著提升，传统离心机组由于受运行范围的限制，冷却水进水温度降低有限。但本机组能充分利用低至4.5℃的冷却水工况下稳定运行，可取得明显的节能效果。

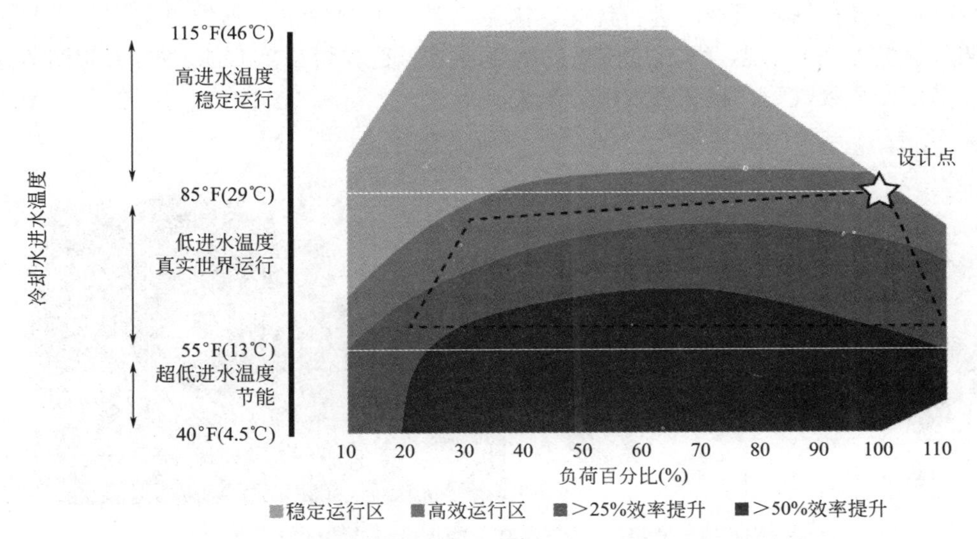

图3.7-2　YZ环保冷媒磁悬浮离心式冷水机组宽运行范围示意图

3. 稳定可靠

YZ磁悬浮变频离心式冷水机组使用单级压缩机，高速直驱设计，相对于传统齿轮传动设计，减少近80%的运行部件。设计简洁高效，可靠性高，压缩机可以平稳地从100%负荷卸载到最低负荷。应用磁悬浮轴承技术，省却了传统油润滑轴承和制冷剂润滑轴承技术方案中必需的油润滑回路或制冷剂润滑回路，系统极为简单，运行稳定可靠。

4. AHRI认证

YZ磁悬浮变频冷水机组的性能经美国空调制冷供暖协会（AHRI）认证，根据AHRI 550/590最新标准，机组通过了严格的测试，在独立第三方验证机构证明下，提供了值得信赖的性能参数。

3.7.2　创新技术

机组的设计、生产和测试遵照国际质量保证体系ISO9001：2000，性能符合现行国家标准《冷水机组能效限定值及能效等级》GB19577（我国能源效率等级最低*COP*要求），通过了AHRI550/590标准认证。机组在工厂完成所有部件的组装，包括压缩机、电机、机载变频启动柜、OptiView控制中心、蒸发器、冷凝器、过冷器、抽气装置，以及整装机组内所有的接管和敷线。机组发货前完成整机防护喷漆以及所需部件保温。机组在现场首次开机启动时，会由经过工厂培训的现场服务代表监督最终检漏测试、制冷剂充注和初次启动，并完成客户操作人员的指导培训。

该产品采用如下六大关键技术，实现了高效、安静、精准的制冷功能：

1. 先进的磁悬浮轴承及变频直驱技术

封闭式高速电机，搭配最先进的磁悬浮轴承，无油免润滑运行，如图3.7-3所示。电机的转子和定子线圈通过冷媒冷却以维持合适的电机运行温度。磁悬浮轴承控制器确保电机稳定运行，意外断电后，UPS 电源可使磁悬浮轴承在惯性停机时仍然保持工作。在极少见的意外场合，如 UPS 电源故障，着陆轴承可起到双重保护作用。压缩机为单级闭式叶轮，叶片设计根据新制冷剂进行优化，满足高效率的前提下，提供更宽广的运行范围。流量调节通过 VGD 实现，而不是传统的吸气导叶。这样可以实现更快的负荷调节速度。同时，采用变径吸气管，减少吸气阻力损失。

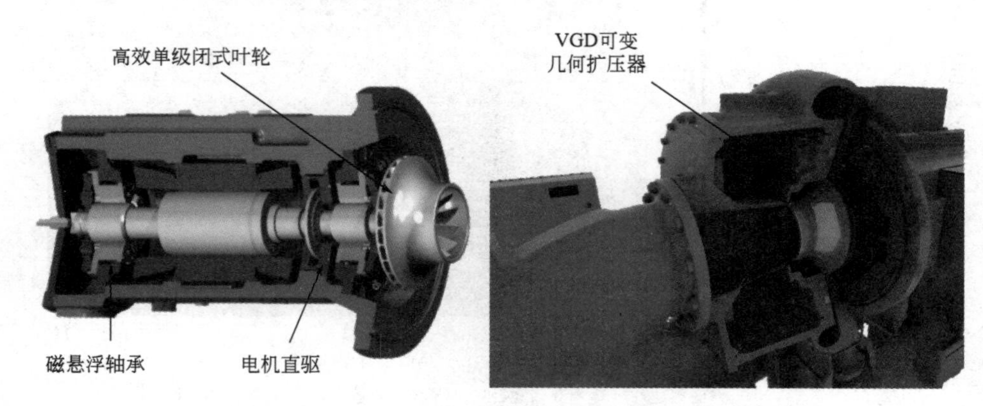

图 3.7-3　YZ 环保冷媒磁悬浮冷水机组结构创新示意图

2. 先进的能量调节控制技术

通过 VSD 变频调速和 VGD（可变几何扩压器）联合优化运行，实现 100%负荷至最小负荷高效稳定运行。对于常规空调工况，无需热气旁通即可实现冷量调节范围 10%～100%运行。

3. 先进的变频器技术

变频器基波功率因数在 0.95 以上，不需要额外增加功率因数补偿装置。选配了谐波滤波器后，变频器基波功率因数将超过 0.98，总电流谐波失真小于 5%，满足 IEEE-519（电源系统的谐波控制的推荐实施规范要求）。变频器配置断路器，确保机组长时间安全运行。启动电流低，不超过机组满负荷工作电流。

4. 机组运行范围宽广

能在低达 5℃的冷却水工况下稳定运行，以获得显著的节能效果。

5. 快速启动技术

YZ 全系列标配了 UPS 紧急电源系统，整机实现最快 26s 重启，断电后 129s 恢复 100%冷量。

6. 高效专利换热器技术

针对 R-1233zd（E）环保冷媒进行优化设计，拥有专利的混合降膜式蒸发技术，强化内外传热的高效换热管以提供最佳的传热效率。较市场上常用的满液式蒸发器，冷媒充注量减少 20%～30%。

3.7.3　性能指标

相较目前公司的传统磁悬浮变频离心机，满负荷效率提升高达 5%，部分负荷效率提升高达 7%。在 AHRI 标准工况下，YZ 磁悬浮变频离心式冷水机组满负荷效率高达 7.3，

IPLV 高达12.2。与常规定频离心机组相比，空调系统节电超过35%，机组主要性能指标如表3.7-1、表3.7-2所示。

YZ磁悬浮变频离心式冷水机组主要性能指标 **表3.7-1**

内容	参数
制冷量(kW)	3868
耗电量(kW)	548.9
COP(kW/kW)	7.046
NPLV(kW/kW)	15.39
蒸发器进出水温(℃)	18/12
蒸发器流量(L/s)	154.1
蒸发器水阻力(kPa)	76
蒸发器水管接口	DN250
冷凝器进出水温(℃)	32/38
冷凝器流量(L/s)	177.6
冷凝器水阻力(kPa)	53.3
冷凝器水管接口	DN300
制冷剂	R1233zd(0GWP制冷剂)
启动方式	机载快速启动(无电流冲击)
满载电流(A)	815
启动电流(A)	≤815
机组尺寸(长×宽×高)(mm)	5881×2761×3484
机组重量(kg)	18114
噪声(dB)	81(低噪声,减少污染)
低冷却水温(℃)	5(效率高提升力)

3.7.4 应用概述

国富光启嘉定区外冈物联网数据智能产业园项目位于上海市嘉定区外冈镇恒永路，如图3.7-4所示。园区内由1号厂房、2号厂房及过街楼组成，两栋厂房皆为地上3层（局部4层），无地下室，总建筑面积47589m^2。本项目利用原建筑，并对原建筑的平面空间及各系统进行改造，把原1号、2号厂房规划为1号、2号数据中心机房楼及其配套用房使用，本次为1号厂房楼，一共容纳3024个标准机架。

表 3.7-2

YZ 新冷媒磁悬浮变频离心式冷水机组产品技术参数

机组 1	冷水供/回水温度(℃)	冷水流量(m³/h)	冷水阻(kPa)	冷却水流量(m³/h)	冷却水阻 kPa	噪声[dB(A)]	测试取样	放热侧试验工况(℃)				
								1	2	3	4	5
工况 1:高水温工况(进水温度)	12/18	554.76	76	639.36	53.3	82	冷却水进口温度(℃)	32	26	20	16	12
工况 1:高水温工况(出水温度)								38	31.86	25.78	21.73	17.69
电源启动方式								380V 变频				
制冷量(kW)								3868	3868	3868	3868	3868
冷机耗电量(kW)								548.9	457.6	407.8	378.9	367.1
COP								7.05	8.45	9.49	10.21	10.54

机组 2	冷水供/回水温度(℃)	冷水流量(m³/h)	冷水阻(kPa)	冷却水流量(m³/h)	冷却水阻(kPa)	噪声[dB(A)]	测试取样	放热侧试验工况(℃)				
								1	2	3	4	5
工况 1:高水温工况(进水温度)	16/22	555.48	95.5	627.48	96	80	冷却水进口温度(℃)	32	26	20	16	12
工况 1:高水温工况(出水温度)								38	31.86	25.76	21.73	17.7
电源启动方式								380V 变频				
制冷量(kW)								3868	3868	3868	3868	3868
冷机耗电量(kW)								467.8	374	317.1	310.1	298.2
COP								8.27	10.34	12.2	12.47	12.97

机组 3	冷水供/回水温度(℃)	冷水流量(m³/h)	冷水阻(kPa)	冷却水流量(m³/h)	冷却水阻(kPa)	噪声[dB(A)]	测试取样	放热侧试验工况(℃)				
								1	2	3	4	5
工况 1:高水温工况(进水温度)	20/26	556.2	73	616.68	63.5	79	冷却水进口温度(℃)	32	26	20	16	12
工况 1:高水温工况(出水温度)								38	31.86	25.78	21.74	17.78
电源启动方式								380V 变频				
制冷量(kW)								3868	3868	3868	3868	3868
冷机耗电量(kW)								392.8	303.9	265.3	241.1	283.4
COP								9.85	12.73	14.58	16.04	13.65

图 3.7-4　国富光启嘉定区外冈物联网数据智能产业园

采用制冷量为1340RT的YZ新冷媒磁悬浮变频离心式冷水机组6台。冷水供/回水温度为18℃/24℃，冷却水供/回水温度为32℃/38℃。设计工况*COP*为8.219，设计综合*NPLV*为22.49，相比传统变频离心的节能率提高35%以上；使用制冷剂R1233zd实现“零碳排放”。根据同冷量变频离心机的参数数据分析，全年运行电费节能率在30%以上，同时因采用最新环保无碳排放冷量R1233zd及无油系统，提升了其绿色环保性，响应国家低碳环保要求。

3.8　模块化集成冷站

随着5G网络、互联网、云计算等应用的快速发展，数据中心已成为新基建的能耗大户。在“双碳”目标背景下，无论是从节能、环保还是运营成本角度都对数据中心空调设备节能性提出较高的要求。据调查，2019年仅有不超过15%的企业，其数据中心*PUE*＜1.5，大部分企业的数据中心*PUE*在1.5～2之间。传统的冷站能效低、运维成本高、建设周期长，已不再能够完全满足数据中心发展的需求。新建数据中心装机容量、功率密度、能耗不断攀升，机房冷却系统节能迫在眉睫，数据中心的建设要求系统具有极高的可靠性、安全性，需要极短的建设部署周期。模块化建设具有可根据业务需求扩展、减少能耗、提高数据中心利用率、快速交付以及分散投资风险的特点，顺应IT行业的发展趋势，逐渐成为数据中心建设的发展方向。

3.8.1　格力高效模块化集成冷站

1. 总体介绍

格力高效模块化集成冷站，选用专为数据中心设计的高温工况高效永磁同步变频离心机组，采用机械制冷以及自然冷源联合供冷等多种冷源技术，搭载精准适配节能运行策略，空调系统仿真测试平台进行运行模拟仿真测试，实现数据中心冷却系统高效节能，如图3.8-1所示。冷站系统设计能效*EER*超5.5，冷站全年性能系数*ACOP*达7.65，以此

测算 PUE 达到 1.24，数据中心可达到优秀水平。采用整体快速部署的冷站模块式设计方法，通过参数化设计平台进行快速管网、线缆设计布局，及线下自动化焊接工艺制造方法，实现所有工序的 100%厂内预制，产品整体 3 个月可交付，工程现场“近零”施工，工程周期缩短 70%。提出系统冗余设计、环管设计满足单点维护、电气架构冗余、无扰动强弱电等设计，实现机组全年无间断运行，确保系统供冷安全可靠。

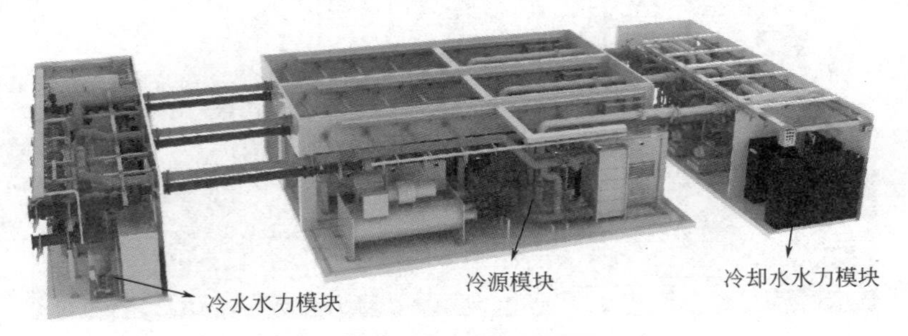

图 3.8-1　集成冷站构架图

2. 创新技术

（1）专为数据中心中高温工况研制永磁同步变频离心式高水温机组

应用高速永磁同步电机直驱双级压缩技术、研制“小压比”离心压缩机，实现机械效率、电机效率、压缩机绝热效率的全面提升，如图 3.8-2 所示。可广泛适用于数据中心的新建和改造，也可应用于大型公共建筑温湿度独立控制空调系统。

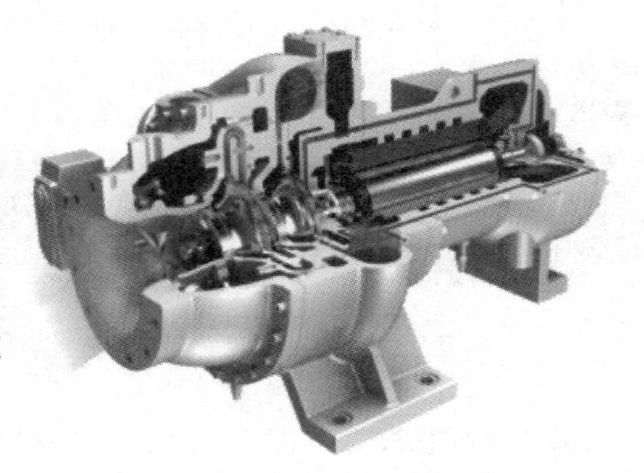

图 3.8-2　压缩机结构示意图

1）高速电机直驱结构

建立大容量离心机高速直驱结构体系，采用高速电机直驱双级叶轮，取消增速齿轮，机械损失平均减少 70%，压缩机重量减少 60%，噪声降低 8dB。

2）大功率永磁同步电机

大功率永磁同步电机，无励磁损失，效率最高可达 98.2%，且全工作范围电机效率几乎不衰减，均达 95%以上，大幅提升全年运行能效。

3）高出水温度“小压比”设计

专为数据中心显热负荷设计“小压比”叶轮，改变传统制冷离心压缩机 7℃出水设计点，聚焦 12～20℃中高温出水工况，优化压缩机效率。

（2）数据中心应用场景的全工况高效模块化系统解决方案设计

1）系统全工况性能设计实现

创新性地提出并应用冷机高水温控制技术、多冷机联调技术、协调变频控制技术，确保模块化冷站的整体设计能效 EER 达到 5.0 以上，在过渡季节以及冬季时，通过免费制冷及联合供冷的优化控制，实现更高的能效水平。提出电制冷—免费冷源联合供冷系统设计方法，当室外湿球温度为 8℃以下时，冷水回水完全通过冷却塔自然冷却，不需要开启冷机，当室外湿球温度为8℃以上，14℃以下时，冷水回水先通过冷却塔自然冷却，再通过冷机制冷。提出完全自然冷却系统设计方法，全年直接对散热芯片进行降温，提升冷却水温。提出了智能化调度多变频设备最优运行调节模式，实现模块化冷站系统在低负荷工况及设计工况下均具有较高的能效水平。

2）动态仿真测试平台

基于动态仿真测试平台，设计阶段可提供各类设备模型，在不同控制策略下进行全年能耗仿真，可对空调方案进行准确的全年能耗模拟，全面优化系统设计方案并优选最佳方案；调试阶段可在厂内进行全工况系统能效动态测试，实现不同群控策略运行在全工况下的效果测试，进一步优化群控策略，实现系统高效运行；运行阶段，基于多维度系统能效管理软件，可对运行大数据进行深入分析、具有健康分析、自动诊断、系统优化控制等功能，建立主机及系统能效评价体系，优化运行能效。

（3）基于参数化设计平台的模块化设计方案

3×750RT 模块化冷站如图 3.8-3 所示，集成了格力 CVT 系列冷水机组、高效冷水泵、高效冷却水泵、高效板式换热器、配电柜、群控柜、一体空调、水处理设备、定压补水设备等，可实现机械制冷＋自然冷却组合成三种不同供冷方式。设计采用整体快速部署的冷站模块式设计方法，通过参数化三维设计平台进行快速管网、线缆设计布局，实现所有工序的100%厂内预制，产品整体3个月可交付，工程现场“近零”施工，工程周期缩短70%。

图 3.8-3　设备外观图

1）提出一种无跨箱作业工序模块分解方法

每个模块具有独立结构载体、配电、水系统、弱电控制功能，所有模块之间完全解耦，实现所有工序的100%厂内预制。以功能分区方式获得了冷源模块、冷水泵模块和冷却水泵模块。即冷源模块可为外界制取目标冷水，冷水泵模块可为用户末端提供冷水输配动力，冷却水泵模块为系统冷却水循环提供动力。每个模块具有独立的功能，并通过中央控制系统进行协调控制，确保系统不仅具有解耦后的独立性和可靠性，也可搭建具有系统级的节能控制架构。不同功能模块之间则通过直管段安装连接，直管采用工厂预制，机器人焊接措施，现场只需要接管，完成螺栓连接工作即可，实现了现场“近零”施工量的设计目标。

2）基于参数化设计平台实现快速高效的结构方案设计，缩短项目设计环节时间50%以上

以标准化、通用化、规范化为基础，设计经验以规则的方式整理成设计逻辑，将繁重的设计工作用电脑开发代替人脑开发。设计人员将参数输入参数化设计平台，可实现冷站设备智慧布局设计、底座智能设计、管路管网路径设计、布线桥架路径设计、紧固件自动装配、标准物料参数化设计、自动输出二维图纸等自动化设计。基于参数化设计平台（见

图 3.8-4)，减少重复工作，设计周期缩短 50%以上；自动输出图纸、BOM 表明细等，减少人为错误，智慧设计包设计的结构实现零错误，设计质量大大提升。

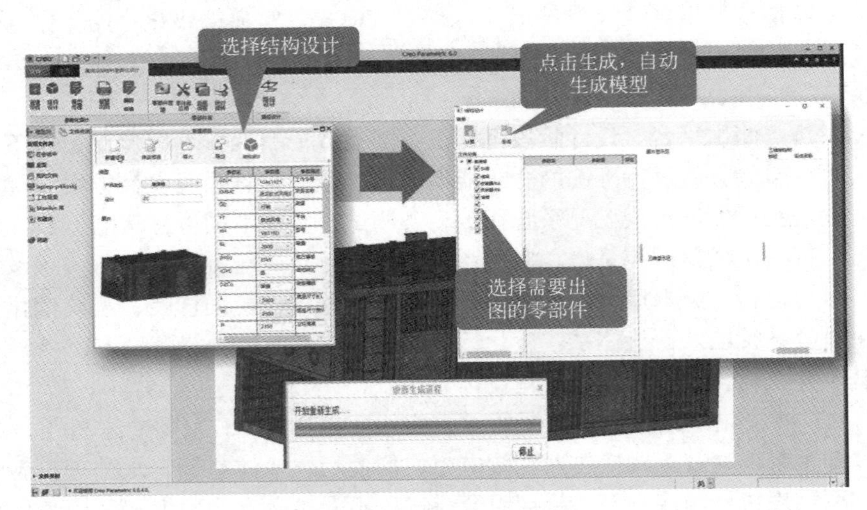

图 3.8-4　参数化设计平台

(4) 全年不间断运行的高可靠方案设计

1) 强弱电系统冗余架构方案设计介绍

在冷水机组配电柜和水泵、风机动力柜的电路架构上应用 PC 级双电源转换开关，实现设备的主备用电源快速自动切换，提高设备供电系统的可靠性。提出无扰动强弱电设计。手动转自动：频率按自动时频率运行；自动转手动：频率按手动运行往自动设定频率转换。所有变频设备在自动/手动模式下可以实现无阻切换，且不影响系统运行状态，频率自保持/频率按既定逻辑自动运行。

该模块化冷站还开发了一种紧凑空间下的完全水电分离、分区的设备布局设计。通过干湿区分割布置、接线盒高防水等级设计，确保整机系统运行可靠性和安全性，如图 3.8-5 所示。

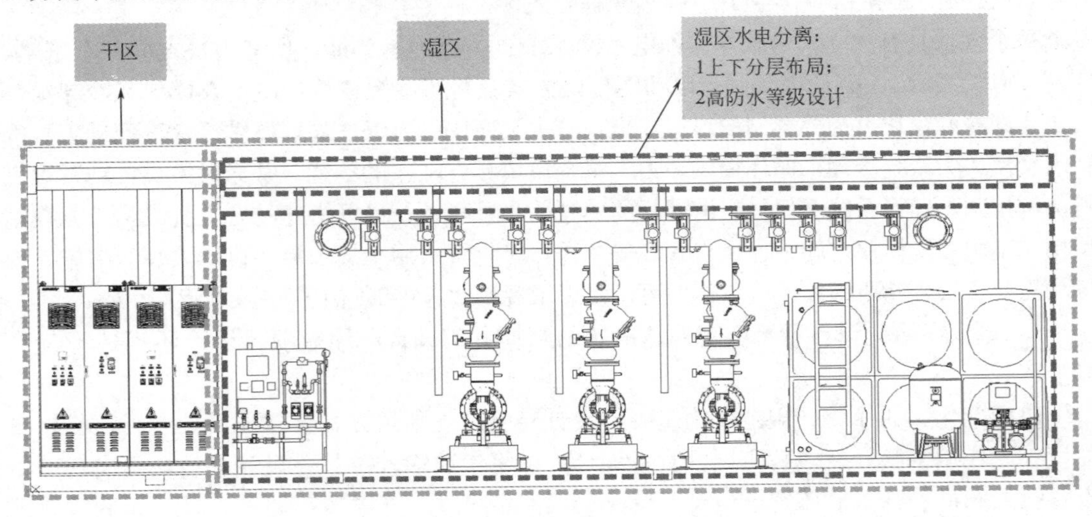

图 3.8-5　集成冷冻站干湿区分割设计

2）水系统冗余架构、单点维护方案设计介绍

整个大系统采用3×750RT冷源系统架构，可实现2用1备方案，即冷水机组、板式换热器、冷水泵、冷却水泵等大型设备都可以实现2用1备，如图3.8-6所示。从系统整体上保障了系统的冗余性。另外，根据客户的高可靠性要求，提出水系统环形管网、单点维护的阀门设计方案，即系统中任意一台水泵、冷机、电动阀门、传感器等设备部件需要维修或更换，都可以在不影响系统正常运行的前提下进行运维操作。并首次在水系统中开发了等阻力的环形管路结构，确保环路的两端分配输配介质的均匀度，环管一端或支路故障时，另一端可以无障碍运行，极大提升了设备故障场景下的系统运行刚度。

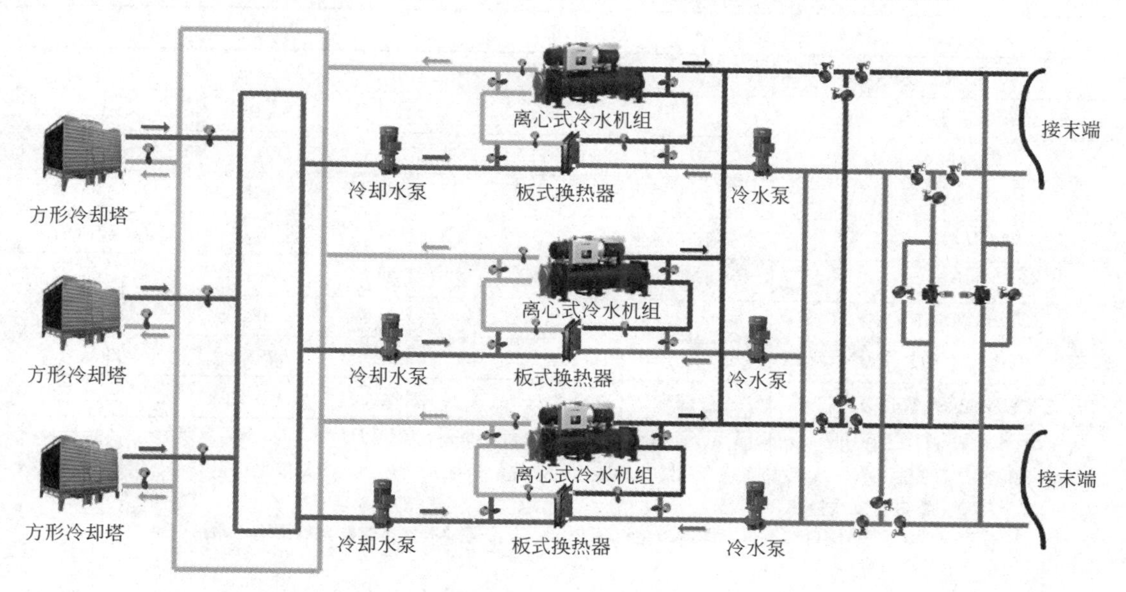

图3.8-6 水系统冗余架构、单点维护系统方案

3）笼型加固高可靠结构方案设计

在模块化冷站项目产品上首次提出管路分层布置方案、笼式加固型系统化支架设计。在超13.3m、30t的超长大重量机组上使用笼型加固结构，该项目的笼型加固方案，在减少了型材支架用量的基础上，满足了整机吊装、运输、满水运行工况下的结构强度，有效控制了结构变形。经受力云图分析，整机所有受力结构合理。对比其他产品，格力公司的产品减少了支架型材用量30%。

3. 性能指标

（1）750RT永磁同步变频离心式高水温机组CVT510PICKIC的性能测试结果如表3.8-1所示。

水冷机组的三个工况性能测试结果 **表3.8-1**

工况	A	B	C	D
冷水供水温度(℃)	16	16	16	16
冷却水进水温度(℃)	32	26	20	16
制冷量 Q(kW)	2637	2637	2637	2637

续表

工况	A	B	C	D
输入功率 P(kW)	318.9	229.9	166.1	112.8
性能系数 COP	8.27	11.47	15.88	23.38

（2）冷站系统设计为 3×750RT 离心机＋3 台板式换热器＋3 台冷水泵＋3 套冷却水泵＋3 台冷却塔，项目落地广东省，仿真测试结果如表 3.8-2 所示。

冷站的五个工况点性能仿真测试结果 **表 3.8-2**

工况	A	B	C	D	E
冷水供水温度(℃)	16	16	16	16	16
冷却水进水温度(℃)	32	26	20	16	12
总制冷量 Q(kW)	7911	7911	7911	7911	7911
冷机功率 P_1(kW)	956.7	689.7	498.2	148.2	0
冷却水泵功率 P_2(kW)	165	165	165	56.6	47.4
冷水泵功率 P_3(kW)	165	165	165	165	165
冷却塔功率 P_4(kW)	111	111	111	105.5	77.5
总输入功率 P(kW)	1397.7	1130.7	939.2	469.8	290.0
冷站性能系数 COP	5.66	7.0	8.42	16.84	27.28

注：1. 工况 A、B、C 均为纯机械制冷，即只通过离心机进行冷水换热。
2. 工况 D 为制冷主机与冷却塔联合制冷，即冷水回水先经过板式换热器与冷却塔出水进行一次换热，再进入制冷主机进行二次换热。
3. 工况 E 为纯冷却塔自然换热，即制冷主机不开启，直接通过板式换热器与冷却塔出水进行换热。

4. 应用概述

广东某新建数据中心项目，建设规模 1000 个机柜，总制冷量 7911kW，要求全年无间断制冷并能充分将利用自然冷源，设计为撬装式模块，现场拼装。单套冷站系统配置 3×750RT 离心机＋3 台板式换热器＋3 台冷水泵＋3 套冷却水泵＋3 台冷却塔，项目共 2 套冷站。2020 年 6 月运行至今。年运行能耗约 918.4 万 kWh，总制冷量为 6930 万 kWh。冷站能耗仿真测试结果如表 3.8-3 所示。

冷站的五个工况点能耗仿真测试结果 **表 3.8-3**

工况	A	B	C	D	E
冷水供水温度(℃)	16	16	16	16	16
冷却水进水温度(℃)	32	26	20	16	12
总制冷量 Q(kW)	7911	7911	7911	7911	7911
冷机功率 P_1(kW)	956.7	689.7	498.2	142.8	0
冷却水泵功率 P_2(kW)	165	165	165	56.6	47.4
冷水泵功率 P_3(kW)	165	165	165	165	165
冷却塔功率 P_4(kW)	111	111	111	105.5	77.5
总输入功率 P(kW)	1397.7	1130.7	939.2	469.8	290.0
全年运行时长(h)	3382	2360	1061	1247	710

续表

工况	A	B	C	D	E
全年运行能耗(万 kWh)	472.7	266.8	99.6	58.6	20.6
全年运行总能耗(万 kWh)	918.4				
全年制冷量(万 kWh)	6930				

3.8.2　美的高效模块化集成冷站

1. 总体介绍

美的高效模块化集成冷站以现行国家标准《通风与空调工程施工质量验收规范》GB 50243 作为设计参考标准，将制冷主机、冷水泵、冷却水泵等集成在集装箱内，并对水系统管路进行布局优化，集合系统配电及控制系统，针对不同冷量段匹配合适的系统部件。将原有的工程施工转化为工厂预制，以企业产品标准保障产品品质，且可避免与工程现场交叉施工，缩短工程施工周期，提升数据中心建设效率。

2. 创新技术

(1) 模块化预制设计。制冷主机、过滤器、止回阀、蝶阀、温度计、压力表、热量表等高度集成，对管路进行适当优化调整，最大限度节省空间，提高利用率，减轻数据中心空调水系统设计压力；产品内部采用强弱电一体柜设计，现场只需一根通信电缆即可实现远程控制功能，减少现场施工布线；产品以海运标准级别集装箱作为箱体依托，可放置在户外和楼顶，打破水冷冷水主机必须放置在建筑机房的壁垒，降低数据中心制冷机房的预期投入成本；产品预留冷水和冷却水接口，现场仅需连接管路即可实现即连即用，缩短现场施工工期；产品可多台并联，满足数据中心不同冷量段的需求。

(2) 采用专为数据中心研发的高效离心主机。机组荣获国家节能认证、CRAA 产品认证、美国 AHRI 认证，机组叶轮专为数据中心优化设计，选取较低的设计转速，满足低压比要求，保证额定点的高效率；全流场三维仿真多目标优化，确保数据中心工况范围在压缩机高效区间，得到更高的 $NPLV$；针对高蒸发压力，大密度吸气状态，对叶轮入口进行冲角优化降低冲击损失等。

(3) 搭载自研数据中心群控系统。高效集成冷站中主机、水泵、冷却塔为全变频设计，针对不同负荷及室外温湿度智能调控运行频率。引入多台并联自适应节能控制技术，实现冷水机组“台数＋转速＋导叶开度”负荷精准适配控制、全局能量平衡控制；建立冷却水系统自适应模糊优化模型，通过对冷却塔回水温度、供回水温差设定值进行多目标寻优，找出冷却水系统能耗最低的冷却塔回水温度、供回水温差设定值组合，获取较高机房 COP；自主研发智慧运维云平台，基于大数据分析建立云端环控系统多维态势诊断模型，实现系统 AI 在线诊断与故障预测，并可实现系统运行数据的云端远程监控。

3. 性能指标

产品常规冷量范围为 170～600RT，可进行多模块并联扩展冷量范围。当冷量范围在 170～270RT 时，产品尺寸为 7.2m×3m×3m，冷水泵/冷却水泵采用立式水泵变频控制，整机重量为 9100～9600kg；当冷量范围在 270～650RT 时，产品尺寸为 9m×3m×3m，冷水泵/冷却水泵采用卧式水泵变频控制，整机重量为 12500～16500kg，如图 3.8-7 所示。

(a)

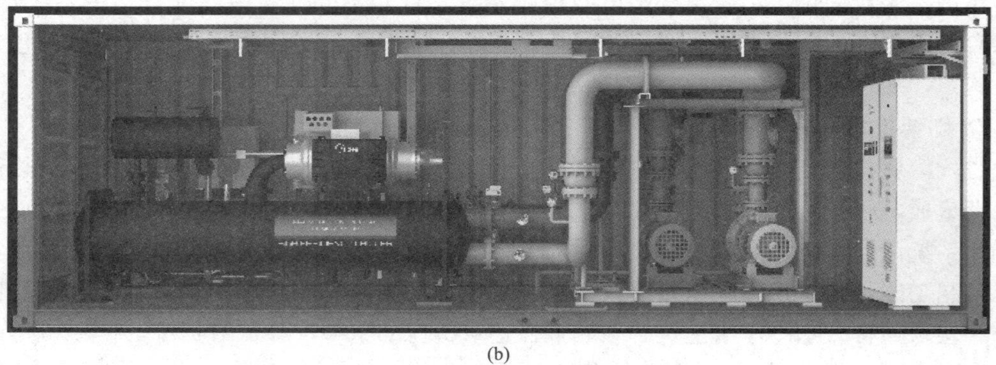

(b)

图 3.8-7　集成冷站

(a) 冷量范围 170～270RT；(b) 冷量范围 270～600RT

以主机为 700RT 高效变频直驱离心机高温出水时的工况为例，产品技术参数如表 3.8-4 所示。

CCWF700EVS 型高效变频直驱离心机技术参数表　　　　**表 3.8-4**

冷水	进水温度(℃)	23	23	23	23
	出水温度(℃)	17	17	17	17
冷却水	出水温度(℃)	39	26	20	16
	回水温度(℃)	33	31.8	25.6	21.5
冷水泵	扬程(m)	32	32	32	32
	功率(kW)	45	45	45	45
冷却水泵	扬程(m)	18	18	18	18
	功率(kW)	45	45	45	45
冷却塔	功率(kW)	18.5	18.5	18.5	18.5
主机制冷量(kW)		2461	2461	2461	2461
主机功率(kW)		304.8	217.2	146.4	99.93
主机 *COP*		8.07	11.33	16.81	24.63
机房 *COP*		5.955	7.556	9.654	11.807

4. 应用概述

(1) 项目概况

华南某数据中心项目所在园区占地2000亩，其中数据中心场地位于园区一角，占地面积约1万m^2，机房楼共3层，其中两层为钢平台结构，数据中心单柜功率密度最高45kW，建成后可提供不低于1000P ops的AI算力。机房楼一层主要为配变电所、蓄电池室、运营商机房等。二～三层主要为数据机房、监控室、测试机房、办公室等。蓄冷罐设置于方平台东侧地面。冷水管、液冷管道架空敷设至机房楼。

(2) 冷却系统概述

该数据中心一层制冷设备设3台700RT高温出水数据中心专用冷水机组，系统包括冷水机组3台、板式换热器3个、开式冷却塔3台（放置于平台二层）、冷水泵3台、冷却水泵3台，配置均为2+1；配套设置蓄冷罐2个、水处理设备、闭式自动定压补水等设备。数据中心二层设“液冷-冷板冷却系统”及“液冷-风液换热器系统”。液冷-冷板冷却系统包括闭式冷却塔2台、冷水泵2台，配置均为1+1；液冷-风液换热器系统包括闭式冷却塔1台、板式换热器2台、冷水泵2台，闭式冷却塔与一层水力模块冷水供水互为备用，其余设备配置均为1+1。两套系统分别配套设置加药、定压补水、过滤等设备。一层制冷系统同时配置2套蓄冷罐，单个蓄冷罐内径3.6m，高度10.5m，有效容积88.2m^3，蓄冷罐所蓄冷量可用于应急冷源（单个蓄冷罐约可满足8min高峰用冷），也可用于低负荷供冷时防止主机频繁启停，提高系统的可靠性，降低系统运行能耗。

为最大化利用数据中心场地空间并最大限度缩短施工周期，根据项目特点将制冷系统进行拆分模块化设计，主机采用高效变频直驱离心机，设计冷水供/回水温度17℃/23℃。将制冷主机、板式换热器、阀件管路及配电供电系统集成为冷源模块，将冷水泵、定压补水设备、管路阀件及配电供电系统集成为冷水模块，将冷却水泵、板式换热器、加药设备、旁滤砂滤装置及配电供电系统集成为冷却模块，将液冷冷却泵、定压补水设备、加药装置、板式换热器及配电群控系统集成为液冷模块。四个模块在工厂预制设计生产，整体出货，到达项目现场后仅需将四个模块及冷塔、末端等的管路连接即可完成整个数据中心制冷系统的施工，相较传统的施工模式极大地缩短施工周期。上述四个模块的系统构架如图3.8-8所示。

该数据中心冷却系统中冷水系统为闭式一次泵变流量系统，冷水供/回水温度为17℃/23℃。冷却水系统为开式变流量系统，冷却水夏季供/回水温度为39℃/33℃，冬季供/回水温度为22℃/16℃。冷水泵、冷却水泵均为变频运行，与板式换热器、冷水机组一对一接管。冷却塔风机为变频运行。二层液冷—冷板系统冷却水系统为闭式一次泵变流量系统，CDU一次侧供/回水温度为35℃/43℃，CDU二次侧供/回水温度为45℃/55℃；冷水泵、冷却塔风机变频运行。二层液冷—风液换热器系统冷却水系统为闭式一次泵变流量系统，冷水供/回水温度为25℃/29.6℃；冷水泵、冷却塔风机变频运行。为提高系统的安全性，冷水干管均设置成环路，任何一路冷水或空调故障，均不影响关键负荷100%运行，并保证在线维护的需要。冷却水系统采用母管制环路，冷却塔进出水管道采用并联形式。水管环路用分段阀隔离各个故障点，保证单点故障时系统能正常运行。

为对大限度地利用冷源，中温水冷源控制系统采用三种模式：主机制冷模式、预冷模式及自然冷却模式。系统运行过程中，根据室外湿球温度、冷却塔供水温度等条件判断系

图 3.8-8　冷源模块、冷水模块、冷却模块、液冷模块

统运行模式。

1）当冷却水出水温度 $T_{qg}\geqslant22$℃，且湿球温度 $T_s\geqslant20$℃时运行主机制冷模式，此时末端冷量全部由主机提供；

2）当冷却水出水温度 16℃$\leqslant T_{qg}<22$℃，湿球温度 14℃$\leqslant T_s<20$℃且持续 120min 时运行预冷模式。此模式下，冷水经由板式换热器先与主机冷却水回水换热降低温度后再进入主机蒸发器进继续冷却至设定供水温度；

3）当冷却水出水温度 $T_{qg}<16$℃，湿球温度 $T_s<14$℃且持续 120min 运行自然冷却模式。此模式下，冷水回水经板式换热器直接与冷却水回水进行换热后直接供应到末端。

三种模式的切换控制，不同模式下的冷水泵变频控制、冷却水泵变频控制、冷却塔变频切换控制以及三台主机加减机调节等系统控制均由自研群控系统实现。

（3）测试数据

该数据中心在 2021 年 1 月至 8 月期间，对制冷系统的能耗进行了现场测试，实验数据如表 3.8-5 所示。根据表中数据，计算得到 1～8 月期间的系统 *COP* 为 5.26，该数据中心的整体 *PUE* 为 1.25，节能效果显著。

制冷系统性能参数测试数据表　　**表 3.8-5**

时间	空调系统总用电量(kWh)	IT 总用电量(kWh)	总用电量(kWh)	冷却系统总制冷量(kWh)	*COP*	*PUE*
2021 年 1 月	151249	946097	1151287	854135	6.26	1.22
2021 年 2 月	199451	1100438	1365125	1076047	5.52	1.24

续表

时间	空调系统总用电量(kWh)	IT 总用电量(kWh)	总用电量(kWh)	冷却系统总制冷量(kWh)	*COP*	*PUE*
2021 年 3 月	241456	1427377	1758024	1293051	5.91	1.23
2021 年 4 月	229204	1222880	1527673	1190468	5.34	1.25
2021 年 5 月	295614	1494754	1882154	1251850	5.06	1.26
2021 年 6 月	42525	194277	248051	188647	4.57	1.28
2021 年 7 月	165448	762887	970599	721003	4.61	1.27
2021 年 8 月	288927	1335248	1701783	1273442	4.62	1.27
合计	1613875	8483958	10604696	7848643	5.26	1.25

注：由于 6、7 月数据采集不完整，空调总用电量、IT 总用电量、总用电量与实际值有出入。

第4章 冷却塔（直接蒸发、间接蒸发、机械补冷）——蒸发冷却冷水设备

4.1 直接蒸发冷却塔

直接蒸发冷却塔，即普通冷却塔，是数据中心水冷冷却系统的主要排热设备，一般在夏季作为机械制冷系统冷凝器的排热，或者在过渡季和冬季独立排出机房内热量而成为自然冷源。

4.1.1 冷却塔的性能描述方法

直接蒸发冷却塔，其能制备出冷水的极限温度为进口空气的湿球温度。其性能评价方法一般利用湿球效率来表征，湿球效率的定义如式（4.1-1）所示：

$$\eta_{湿球}=\frac{(t_{w,r}-t_{w,o})}{(t_{w,r}-t_{wb,in})} \tag{4.1-1}$$

式中 $t_{w,r}$——进口水温，℃；

$t_{w,o}$——出口水温，℃；

$t_{wb,in}$——进口空气的湿球温度，℃。

而湿球效率的高低主要取决于冷却塔的空气和水之间的流量比和冷却塔的 NTU，基本不受进风状态的影响。

4.1.2 冷却塔的主要形式与实测传热传质水平

从传热传质形式看，冷却塔主要有两种形式：逆流冷却塔和叉流冷却塔，在数据中心中都有应用。从传热传质过程的匹配来看，逆流冷却塔的性能优于叉流冷却塔，但当叉流冷却塔内部水侧和风侧没有掺混或掺混较小时，叉流冷却塔的性能不会比逆流冷却塔差太多。由于叉流冷却塔的布置方式，使得其进风面积大，由于冬季结冰问题，较少用于北方大型的数据中心。

表4.1-1给出了部分数据中心的冷却塔实测湿球效率和实测填料传热传质性能结果。

实测部分冷却塔的湿球效率与填料传热传质性能 表4.1-1

工程地点	工况	湿球温度效率	体积传质系数 [kg/(m³·h)]	单台实际冷却水流量(m³/h)	风水比	*NTU*
银川	夏季	0.56	8900	272	0.62	1.36
	过渡季	0.46	7500	125	1.44	1.07

续表

工程地点	工况	湿球温度效率	体积传质系数 [kg/(m³·h)]	单台实际冷却水流量(m³/h)	风水比	*NTU*
保定	夏季	0.75	12000	233	1.26	1.37
	过渡季	0.47	12000	233	1.22	1.48
哈尔滨	冬季	0.40	6300	106	1.39	1.32
呼和浩特	冬季	0.34	6500	89	1.05	2.15
昌吉	夏季	0.65	6300	76	0.83	2.02

4.1.3　冷却塔应用的气象条件分区

冷却塔内部为利用空气—水直接接触进行蒸发冷却，其出水温度主要取决于室外空气湿球温度。在与机械制冷联合工作时，冷却塔出水温度的高低，成为影响制冷机电耗的主要因素。湿球温度的高低成为影响冷却塔自然冷却时长的决定因素。图 4.1-1 给出了冷却塔应用的气象条件分区，白色区域给出的是冷却塔和机械制冷联合制冷的区域；浅色区域给出的是冷却塔和机械制冷联合制冷的区域；深色区域给出的是冷却塔独立实现自然冷却的区域；

在不同的设计供回水温度下，冷却塔的自然冷却和过渡季区域面积存在差异。在高温供冷情况下，可以大大增加自然冷却和过渡季的气象分区，降低机械制冷量。在设计冷却塔供回水温度时，可以结合当地气候条件，尽量增加自然冷却和过渡季时长。

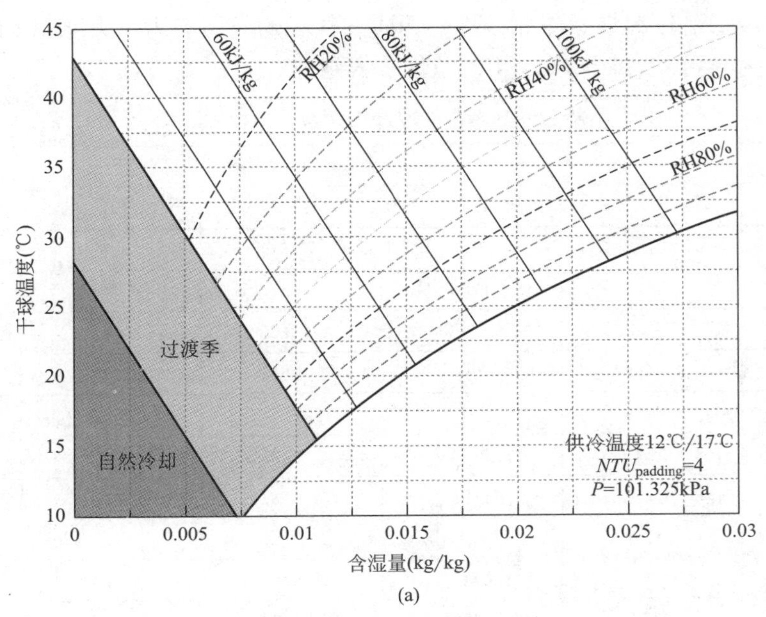

图 4.1-1　冷却塔应用的气象条件分区（一）

(a) 冷水设计供/回水温度 12℃/17℃

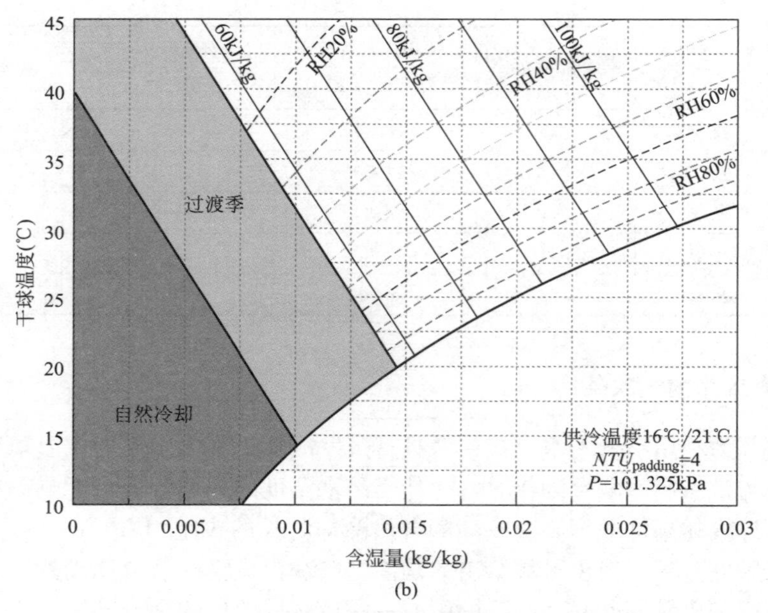

图 4.1-1 冷却塔应用的气象条件分区（二）

（b）冷水设计供/回水温度 16℃/21℃

4.1.4 全国不同气候区冷却塔的自然冷却时长分布

表 4.1-2 给出了我国几个典型城市利用冷却塔实现自然冷却的自然冷却时长的分布，从而可以判断冷却塔作为自然冷源在各个不同气候区的应用潜力。表 4.1-2 的结果是在设计供回水温差为 6K，填料 $NTU=4$ 的条件下得到的。

冷却塔参考自然冷却小时数（单位：h） **表 4.1-2**

城市	设计供水温度				
	10℃	12℃	14℃	16℃	18℃
北京	4479	4961	5367	5857	6491
成都	526	1756	2651	3607	4809
大连	3033	3825	4329	5067	5840
福州	90	298	1066	2254	3362
广州	228	526	897	1552	2501
贵阳	950	1964	2909	3832	4781
哈尔滨	4500	4898	5318	5868	6483
海口	0	0	0	83	416
杭州	633	1412	2469	3484	4125
合肥	1233	2212	3035	3832	4595
呼和浩特	4661	5293	5945	6687	7437
济南	2636	3413	4231	4955	5412

续表

城市	设计供水温度				
	10℃	12℃	14℃	16℃	18℃
喀什	7479	8378	8736	8784	8784
昆明	1257	2655	4027	5035	5953
拉萨	5214	5937	7512	8728	8784
兰州	5038	5705	6533	7553	8423
南昌	559	1051	1955	2842	3741
南京	1234	2166	3108	3919	4596
南宁	12	207	602	1097	1870
宁波	502	1196	2303	3393	3995
青岛	3323	3930	4513	5255	5826
厦门	28	112	366	1211	2458
上海	1552	2612	3410	3990	4720
深圳	17	90	357	669	1257
沈阳	3872	4418	4883	5481	6087
石家庄	2903	3671	4417	5014	5503
台北	0	26	178	505	1328
太原	3712	4477	5171	5829	6607
天津	3007	3818	4489	5103	5490
乌鲁木齐	5041	5796	6664	7795	8653
武汉	835	1870	2534	3245	4209
西安	2268	2975	3967	4849	5513
西宁	6044	7064	8034	8665	8782
银川	4172	4888	5508	6201	7152
长春	4304	4773	5238	5755	6344
郑州	2324	3120	4056	4851	5442
重庆	97	687	2023	2959	4058
香港	6	31	196	529	989
澳门	9	37	267	594	1113

4.1.5　冷却塔用于北方数据中心出现的结冰问题

1. 冷却塔的结冰问题

为了延长自然冷却时间，降低系统的 *PUE*，目前大型数据中心一般选址在北方。而北方地区冬季气温低于 0℃，使得冷却塔存在严重的结冰现象，如图 4.1-2 所示。冷却塔结冰后会影响其散热效果，结冰严重时会堵塞进风口，使得冷却塔失去排热功能，严重影响冷却塔在冬季的正常运行。并且由于冰柱堆积在进风口附近，会破坏冷却塔的承重结构、填料等部件，影响冷却塔的寿命。所调研的几个项目，均出现了冷却塔结冰现象，虽然都采用了电伴热方式，但仍然无法解决结冰问题，不得不采用人工凿冰的方式，大大增加了冬季运行维护的工作量。若没有及时凿冰，数据中心则不能及时排热，有着较大的安全隐患。

图 4.1-2　冷却塔结冰现象

(a) 进风口结冰堵塞进风；(b) 进风口结冰；(c) 进风口和漏水处结冰；
(d) 进风口填料处结冰；(e) 进风填料结冰；(f) 进风填料冻坏

2. 主要的防冻措施及效果分析

(1) 主要防冻措施

目前已有的冷却塔防冻措施有：①采用其他设备替代冷却塔，比如干冷器或闭式冷却塔。然而对于干冷器来说，干球温度决定的自然冷却时间比湿球温度短；换热面积大、投资高；系统切换复杂，无法应对气温的日夜变化。同时，干冷器以乙二醇为载冷剂时，冬季控制策略不当的情况下可能出现乙二醇溶液温度低于 0℃运行，致使板式换热器处冷水循环结冻，直接危害到机房内安全。而闭式冷却塔的性能低于常规冷却塔，且冬季控制不当仍然会结冰，干冷器冬季存在的问题闭式冷却塔都存在。②为冷却塔添加额外的热源，比如电伴热带、防冻化冰管、进风口处增加热水水帘，但是电加热系统电耗高、安全性低，无法根治结冰问题。③改变冷却塔的结构，安装挡风板或改变布水方式，仍然无法避免结冰现象。④改变冷却塔的运行方式，比如风机周期性倒转，但化冰慢，无法根治结冰问题。因此，以上措施都不能根本上解决进风温度低带来的结冰问题。

(2) 所测试典型工程的防冻措施

银川：电伴热带，整个室外冷却水管路、冷却塔积水盘位置、排风机风筒都有电伴热，用来防冻；电伴热方式无法解决进风口结冰问题，只能人工定期凿冰；进风口填料有冻坏现象。

保定：与银川类似，电伴热带，人工定期凿冰。

哈尔滨：电伴热带，室外管路、水槽、排风机风筒均开启电伴热；但结冰现象非常严重，采用人工定期凿冰，大致 4 次/24h，若一天内不凿冰，就会导致进风口结冰严重。人工凿冰困难，需要耗费大量人力物力及时间，从而影响系统安全运行。

呼和浩特：电伴热带，室外管路、水槽、排风机风筒均开启电伴热。与哈尔滨类似，冷却塔结冰现象非常严重，必须人工定期凿冰，否则会严重影响系统安全运行。

以上措施由于没有很好地实现防冻的效果，因此，目前北方大型数据中心水冷却系统的冷却塔仍然采用人工凿冰的方式。目前已经提出了一种利用间接蒸发冷却塔根治结冰的方式，已经建立了示范工程，实现了比较好的防冻效果，详见后文所述。

4.1.6　小结：冷却塔用于数据中心面临的问题

目前数据中心冷却塔在性能和调控上存在的主要问题如下：

（1）冷却塔的性能水平参差不齐，不同工程冷却塔的 *NTU* 差别较大，运行工况的风水比也不同，填料的特性也差别较大，从而导致冷却塔的体积传质系数有较大的差别。

（2）冷却塔运行策略存在的典型问题：1）一组塔内冷却塔的风机台数控制，从而导致出水掺混，风机电耗高，并且冬季开启冷却塔极易结冰。应改为所有风机同时开启，统一变频控制。2）不同组冷却塔之间轮换运行，在冬季运行工况下，不开启塔的水箱需要防冻，增加防冻工作，并且易出现死水管路而导致冻管。3）夏季工况和自然冷却工况下，冷却水泵应为定频运行，以更充分地利用自然冷源，并且可以简化冷却水温的控制逻辑。

（3）在北方冬季应用时严重的结冰问题，目前没有很好的解决方式，主要采用人工凿冰的方法，需要找到根治结冰的方法，才能使得冷却塔冬季能够顺利开启。

4.2　间接蒸发冷却塔

4.2.1　间接蒸发冷却塔的原理

间接蒸发冷却冷水机组主要由空气冷却器和填料塔所组成，其制备冷水的原理如图 4.2-1 所示。室外空气首先经过空气—水进风冷却器被填料塔出水的一部分等湿冷却，之后空气进入填料塔和喷淋水直接接触进行传热传质过程，水蒸发吸收汽化潜热进入空气中，空气被加热加湿最终被排出填料塔，冷水最终被冷却之后输出填料塔。冷水出水被分成两股，一股进入空气冷却器冷却进风，另外一股送入用户实现用户的排热。间接蒸发冷却制备冷水的过程在焓湿图上的表示如图 4.2-1（b）所示，由于进风空气在与水直接接触进行直接蒸发冷却之前首先被等湿降温，空气的湿球温度降低，制备出的冷水温度首先可低于室外空气的湿球温度。当空气冷却器中空气与冷水的显热换热过程满足流量匹配时，即进风的流量与空气比热的乘积等于进入空气冷却器的冷水流量与冷水比热的乘积，且当填料塔中空气与水的热湿交换过程也满足流量匹配，即进风的流量与空气的等效比热的乘积等于喷淋水流量与冷水比热的乘积，此时当空气冷却器和填料塔的传热传质面积足够大时，该间接蒸发冷却过程制备出冷水的极限温度可以接近室外空气的露点温度。

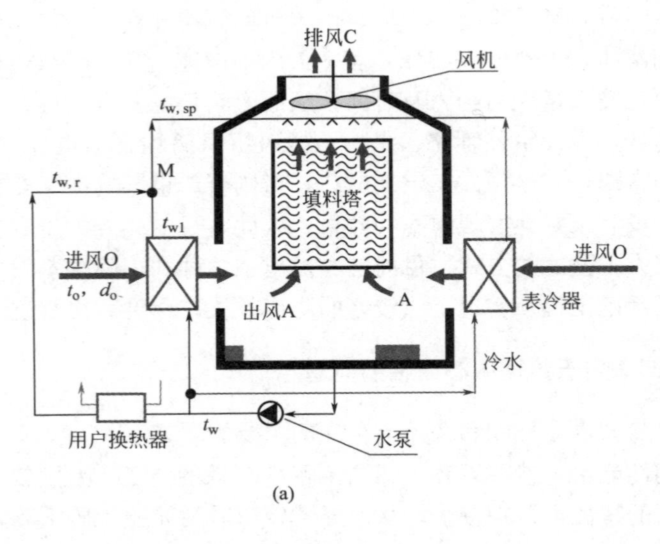

(a)

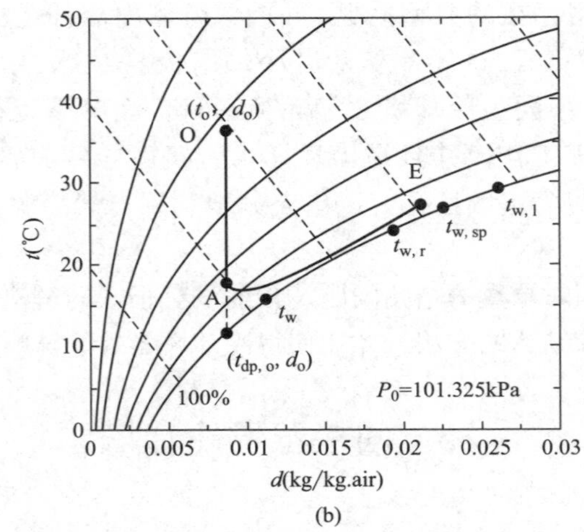

(b)

图 4. 2-1　间接蒸发冷却制备冷水的原理

(a) 流程图；(b) 制冷过程示意

4. 2. 2　间接蒸发冷却塔适用的气象条件分区

间接蒸发冷却塔适用的气象条件分区如图 4. 2-2 和图 4. 2-3 所示。串联和并联间接蒸发冷却塔在相同的填料 *NTU* 下，其自然冷却和过渡季的分区面积明显增加。间接蒸发冷却塔性能增强主要体现在相对湿度较低的区域，而在高湿度区域性能反而会减弱。因此，间接蒸发冷却在干燥地区能够明显增加自然冷却和过渡季时长，提高系统能源利用效率。

4. 2. 3　间接蒸发冷却塔在全国典型城市应用的自然冷却时长分布

间接蒸发冷却塔的自然冷却时长同样受表冷器 *NTU*、填料 *NTU*、设计供回水温差以及设计制冷量影响。本报告案例计算了表冷器 *NTU*＝3，填料 *NTU*＝4，设计供回水温差为 6K 以及设计制冷量为 500kW 条件下的全国典型城市的间接蒸发冷却自然冷却时长如表 4. 2-1 所示。

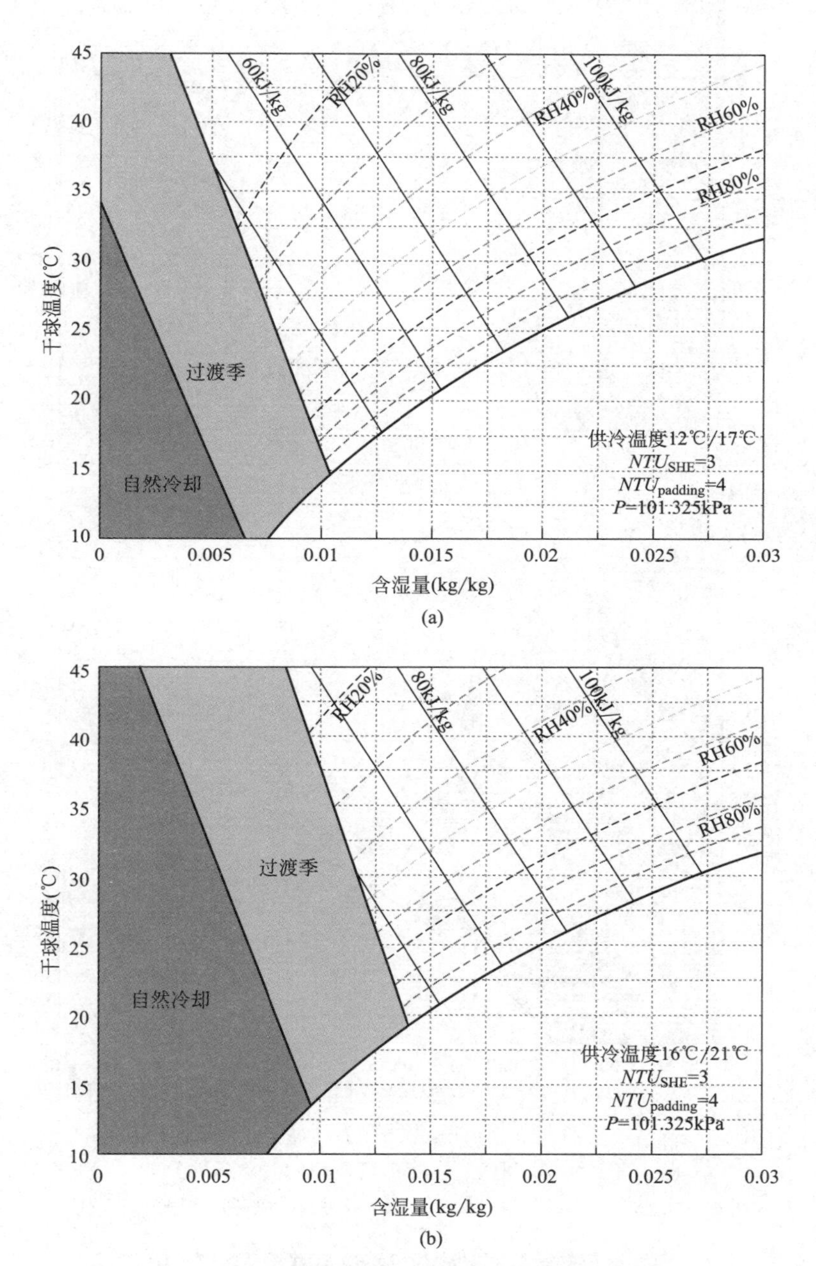

图 4.2-2 串联间接蒸发冷却塔适用的气象条件分区

（a）冷水设计供回水温度 12℃/17℃；（b）冷水设计供回水温度 16℃/21℃

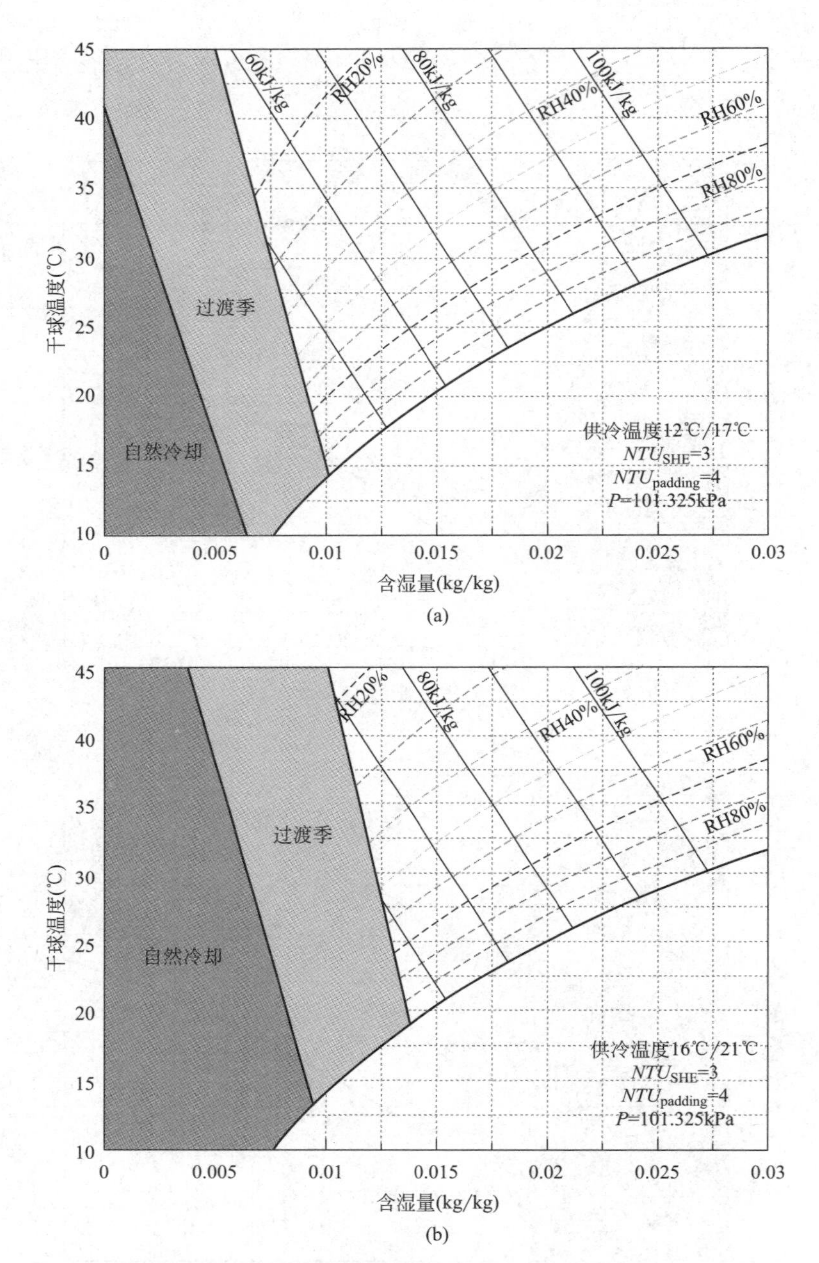

图 4.2-3　并联间接蒸发冷却塔适用的气象条件分区

(a) 冷水设计供/回水温度 12℃/17℃；(b) 冷水设计供/回水温度 16℃/21℃

典型城市的间接蒸发冷却自然冷却时长（单位：h）　　表 4.2-1

城市	设计供水温度				
	10℃	12℃	14℃	16℃	18℃
北京	4628	5065	5506	6054	6699
成都	56	454	1798	2914	4126

续表

城市	设计供水温度				
	10℃	12℃	14℃	16℃	18℃
大连	1846	2959	3950	4516	5353
福州	23	84	337	1286	2630
广州	181	486	871	1471	2411
贵阳	241	761	1889	3014	3986
哈尔滨	3961	4589	5035	5464	6084
海口	0	0	0	20	203
杭州	188	588	1416	2688	3688
合肥	418	1158	2239	3298	4164
呼和浩特	4196	4991	5653	6492	7203
济南	1712	2789	3780	4630	5194
喀什	6173	7316	8378	8755	8784
昆明	905	2484	4044	4947	5842
拉萨	4500	5373	6252	8202	8783
兰州	5035	5755	6501	7722	8464
南昌	103	498	1017	2087	3085
南京	414	1184	2200	3358	4149
南宁	0	18	255	671	1248
宁波	100	483	1255	2526	3605
青岛	2883	3798	4435	5072	5753
厦门	4	27	149	537	1671
上海	1248	2193	3229	3887	4616
深圳	6	28	157	467	875
沈阳	3337	4055	4615	5151	5728
石家庄	2162	3116	4086	4767	5360
台北	0	0	59	244	660
太原	3010	4010	4831	5665	6333
天津	2298	3249	4189	4855	5346
乌鲁木齐	5108	5988	6948	8192	8778
武汉	166	743	1863	2667	3594
西安	1241	2374	3229	4382	5199
西宁	5886	6773	7948	8665	8784
银川	3641	4585	5340	6066	6863

续表

城市	设计供水温度				
	10℃	12℃	14℃	16℃	18℃
长春	3778	4431	4927	5417	5986
郑州	1170	2391	3528	4486	5267
重庆	0	63	693	2101	3284
香港	0	13	48	299	690
澳门	0	18	80	355	754

4.2.4 间接蒸发冷却塔与直接蒸发冷却塔的性能比较

间接蒸发冷却塔在填料前使用表冷器预冷入口空气来降低填料传热传质过程的耗散。但是，这种降低耗散的方法增加了表冷器和填料的换热量，在一些气候条件下是不适用的。图 4.2-4 是在给定相同制冷量、风量和水量条件下计算的间接和直接蒸发冷却塔的气候适用范围。该范围变化受供回水温差、表冷器和填料 *NTU* 分配等参数影响。总体来看，直接蒸发冷却适用于湿润地区，串联间接蒸发冷却适用于干燥地区。图 4.2-4 中的曲线表示的是间接蒸发冷却和直接蒸发冷却的分界线，在曲线上方间接蒸发冷却性能优于直接蒸发冷却，曲线下方直接蒸发冷却性能优于间接蒸发冷却。

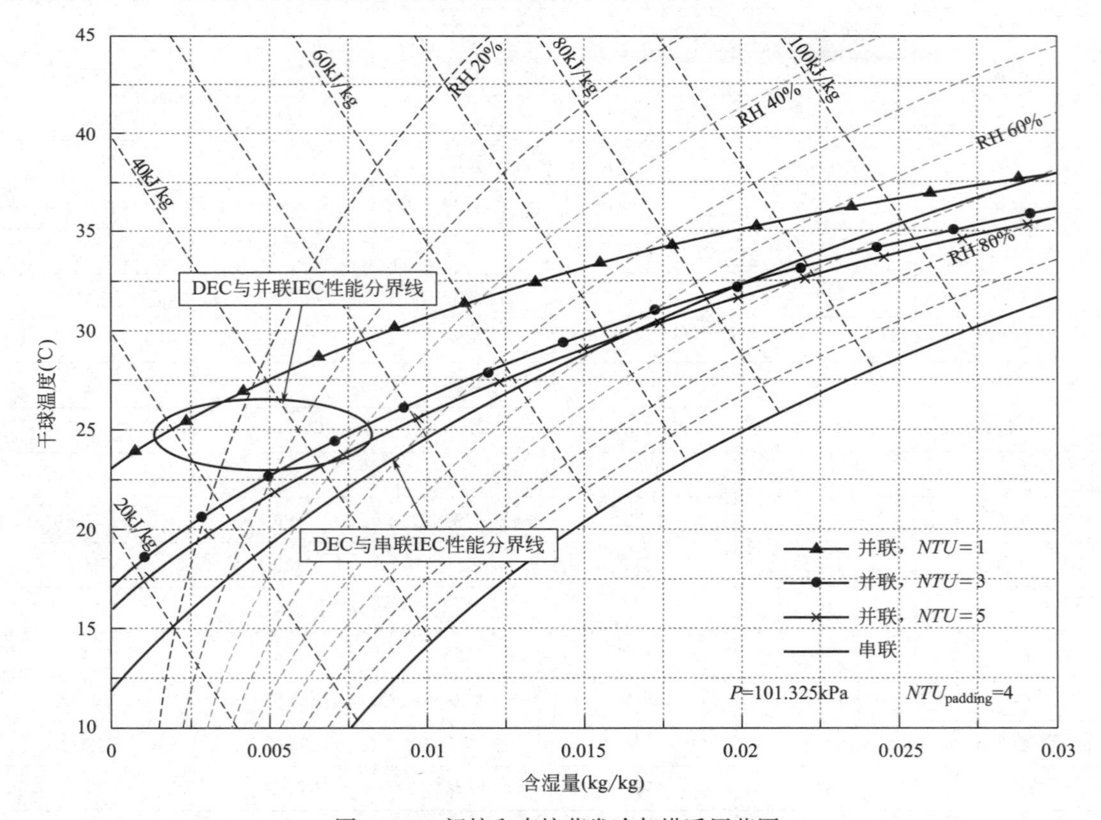

图 4.2-4 间接和直接蒸发冷却塔适用范围

4.2.5　间接蒸发冷却塔实际装置

1. 实际装置

一台型号为 SZHJ-L-50 的间接蒸发冷却塔（新疆绿色使者空气环境技术有限公司生产）实际机组如图 4.2-5 所示。该机组占地面积 5m×3.8m，高 7.5m，采用的并联式间接蒸发冷却塔的设计形式，额定制冷量 366kW，循环水量 50t/h。塔内内置一台较小的自循环水泵驱动表冷器水循环。表冷器出水与冷却回水一同进入填料进行喷淋降温，制备的冷水分为两路：一部分受自循环水泵驱动进入表冷器与进风换热，夏季预冷冬季预热；另一部分为目标产物，作为冷却水进入冷却系统，受冷却水泵驱动进入板式换热器与冷水循环换热，带走末端产热。塔顶塔底各设两处检修口方便检修。

图 4.2-5　间接蒸发冷却塔机组实物图

2. 间接蒸发冷却塔各部件性能

间接蒸发冷却塔（新疆绿色使者空气环境技术有限公司的产品）的间接蒸发冷却段采用了独特结构设计的表冷器（见图 4.2-6），具有以下特点：

（1）表冷器采用铜管穿铝翅片的结构，空气和水的换热形式为逆流换热，换热效率高达 90%左右；

（2）专利水路设计与管程结构：连通集管、水平管设置坡度、长流排污装置；

（3）有效避免表冷器因常规结构原因造成的积水不能排空的问题，通过设置的连通集管和水平管坡度坡向底部长流水管，排出表冷器内部的积水，杜绝表冷器盘管在冬季冻坏；

（4）小水量长流装置，活动水流进一步保障表冷器在严寒季节运行防冻，同时实现表冷器内部排污，确保常用常新。

3. 主要性能参数

实测设备尺寸为：5000mm × 3800mm × 7500mm（长 × 宽 × 高），运行重量为 7500kg，额定进出口水量为 50t/h，设计进/出水温度为 24.3℃/18℃，额定制冷量为 366kW，装机功率为 17.2kW。根据实测结果分析机组性能，如表 4.2-2 所示。

图 4.2-6　表冷器结构图

机组技术参数表　　　　表 4.2-2

进口水量	51.27t/h
干球温度	30.86℃
相对湿度	23.14%
湿球温度	16.55℃
进水温度	22.39℃
出水温度	15.11℃
换热量	433kW
装机功率	17.2kW
噪声	53.9dB
COP	25.2

此外，根据机组性能，在给定室外气象条件下，以满负荷运行时，计算其性能，如表 4.2-3 所示。在实际过程中，当室外气温较低时，机组需要调节风机频率控制风量，保证出水温度在设计温度下。

机组满负荷运行参数　　　　表 4.2-3

进口水量	51.27t/h
进水温度	22.39℃
装机功率	17.2kW

4.2.6　间接蒸发冷却塔的工程应用

1. 项目概况

中国电信新疆分公司云基地 3 号楼位于昌吉市，总建筑面积约为 2.1 万 m^2，建筑高度 23.9m，共有 4 层；该数据中心共有 14 个 IDC 机房，3015 台机柜，空调总负荷约

16700kW，目前该项目运行一期，共有1290个机柜，采用了33台间接蒸发冷水机组（其中22台主用，11台备用），从2020年12月开始投用。间接蒸发冷水机组产品由新疆绿色使者空气环境技术有限公司提供。

2. 室内外设计参数

该项目室内外设计参数如表4.2-4、表4.2-5所示。

室外设计参数 **表4.2-4**

参数	干球温度(℃)		湿球温度(℃)	相对湿度(%)	大气压力(hpa)	主导风向
	空调	通风				
夏季	33.5	27.9	19.5	34	919.4	C SSE
冬季	−28.2	−17	—	79	934.1	C NNE

室内设计参数 **表4.2-5**

参数	温度(℃)		相对湿度(%)		新风换气次数	允许噪声[dB(A)]
	夏季	冬季	夏季	冬季		
IDC机房	18～27	18～27	40～60	40～60	不低于0.5	≤65
电力电池室	20～30	20～30	35～75	—	—	≤65
动力配套房	20～30	20～30	35～75	—	—	≤65

注：机房温度指冷通道温度，且以上房间均不能结露

3. 冷却系统介绍

该数据中心所在地气候干燥，因此系统主冷源采用的是间接蒸发冷水机组。本系统通过间接蒸发冷水机利用自然冷能制备低温冷却水。通过板式换热器、冷却水泵、冷水泵使冷水循环与冷却水循环显热换热，将冷量从冷却水循环传递给冷水循环。载冷状态的冷水接入机房空调箱，与机房回风换热释冷，冷却机房回风，带走机房内热量，而后进行下一个循环。

系统共设计有55台循环水量为50t/h的间接蒸发冷水机组，其中44台主用，11台备用，机组全部布置在屋面；系统冷却水设计温度18℃/24.3℃，冷水设计温度19℃/25.3℃，供回水温差6.3℃。系统设计有4台蓄冷罐，分别为两台100m³、150m³蓄冷罐，可保证15min市电停电后的供冷需求。末端采用高效率的高温水工况的精密空调机组。

该项目冷却系统控制及设备如图4.2-7所示。

4. 系统节能效果

该数据中心采用间接蒸发冷却塔作全年自然冷源，设计全年平均*PUE*小于1.2。夏季通过间接蒸发冷却充分利用自然冷能，取代电制冷环节，大大降低了运行能耗；以水为载冷介质，原料简便易得无污染，减少了风机电耗，同时间接蒸发冷却塔解决了冬季结冻问题，冬夏采用同一套冷却系统进行散热，不涉及流程的切换，运行简单，安全可靠；提高了末端的供水温度，可以最大化利用自然冷能供冷。该工程案例相对传统空调可节能约26%，全年可节约运行费用约29%。

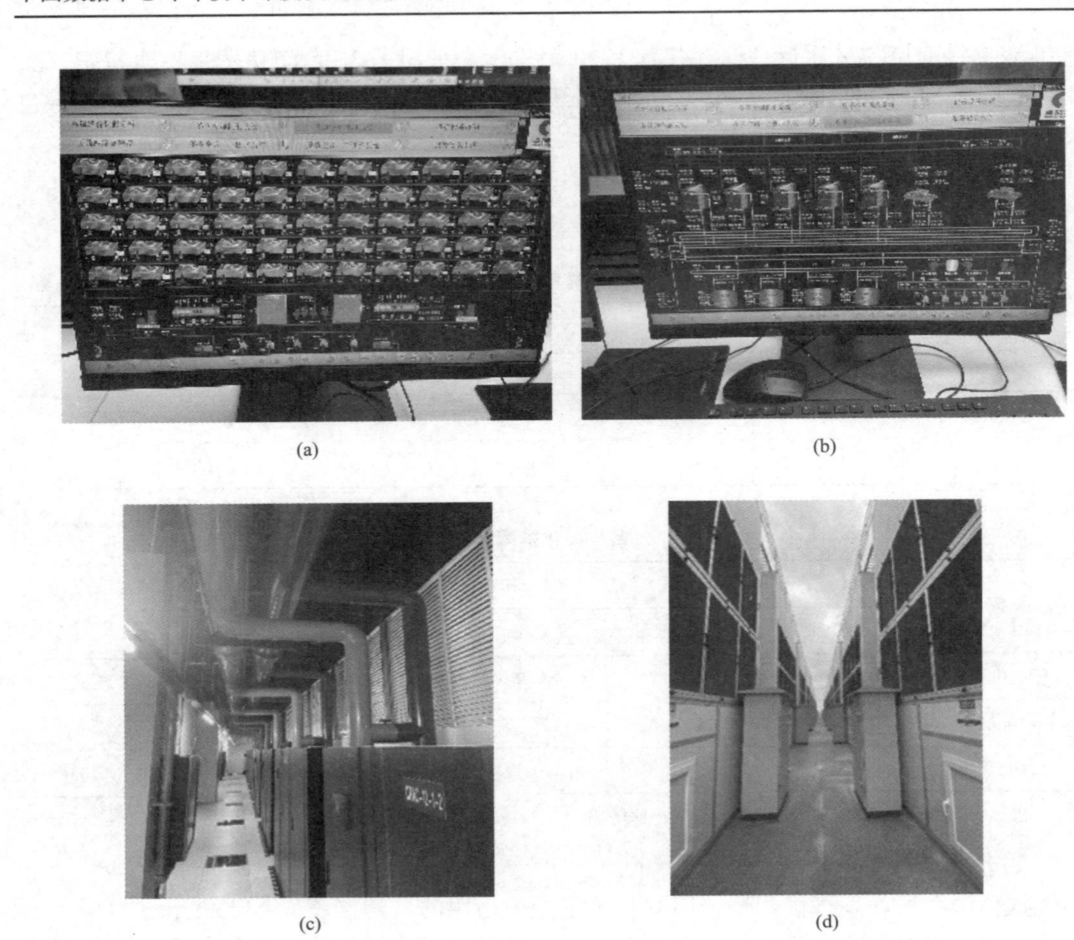

图 4.2-7　冷却系统控制系统及设备实例
(a) 冷却水循环控制系统；(b) 冷水循环控制系统；
(c) 末端空调箱实物图；(d) 间接冷却塔实物图

4.2.7　间接蒸发冷却塔实现冬季防冻的示范工程

1. 利用间接蒸发冷却塔彻底避免冷却塔结冰的方法

间接蒸发冷却塔可以彻底实现冬季的防冻，彻底解决冷却塔冬季结冰问题，其系统原理图如图 4.2-8 所示。有两种形式的流程：一种是并联形式的流程；一种是串联形式的流程。并联形式的流程的夏季制冷原理已在上文阐述。对于串联形式的流程，如图 4.2-8 (b) 所示，是利用与机房冷水换热之后的冷却水回水进入表冷器与室外空气进行换热，之后冷水再在填料塔中与喷淋水接触进行蒸发冷却过程。

而冬季的工况，以图 4.2-8 (b) 的串联流程为例，此时冷却水的回水温度与机房回水温度接近，二者之间仅差一个板式换热器两侧的换热端差，一般处在 14℃之上，此时冷却水回水进入空气冷却器时，可以使得室外空气升温至 10℃之上，此时空气再进入喷淋塔与水接触进行蒸发冷却过程时，不再有结冰现象。此时实际依靠的是机房的排热加热室外风，从而彻底避免结冰现象的发生。对于图 4.2-8 (a) 所示的并联流程，其

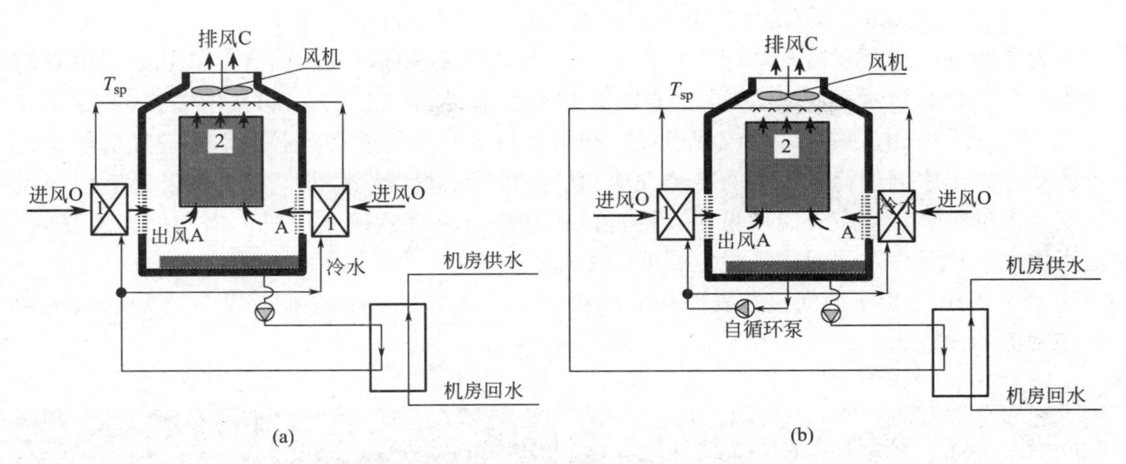

图 4.2-8　利用间接蒸发冷水机流程制备冷水排走机房热量
(a) 并联形式的流程；(b) 串联形式的流程

利用的是冷却水出水为表冷器进风升温，冷却水出水温度一般在 10℃之上，也可以将空气加热至 10℃附近，避免了填料塔中喷淋水的结冰现象，但由于利用的是冷却水出水，其温度比冷却水回水温度低 4～5K，因此串联流程冬季的防冻效果会优于并联流程。

图 4.2-9 给出了一个极端低温的状态下（－40℃），利用间接蒸发冷却塔的防冻效果，此时利用的是串联流程，冷却水回水温度 14℃，由于室外空气温度极低，此时已经不再需要开启风机，依靠热压通风的风量已经满足排热需求。如图 4.2-9 所示，利用间接蒸发冷却塔可以在室外温度为－40℃的情况下，利用冷却水回水通过表冷器将室外风加热到 13.8℃，此时表冷器出风湿球温度为 2.5℃，填料塔喷淋水温度为 11.1℃，冷水出水温度为 10℃。可见，依靠间接蒸发冷却塔可以较好地实现冷却塔防冻。

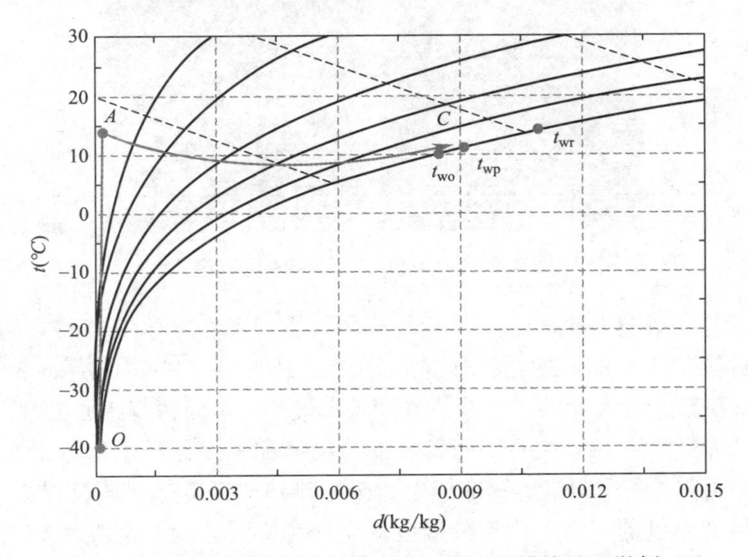

图 4.2-9　间接蒸发冷却塔在－40℃下的排热过程举例

2. 哈尔滨利用间接蒸发冷却塔实现数据中心冷却塔防冻的示范工程

为了验证间接蒸发冷却塔应用在数据中心冬季防结冰的效果，在哈尔滨某数据中心建立了示范工程。该示范工程的间接蒸发冷却塔设计水量 120t/h，间接蒸发冷却塔尺寸 5.4m×3.1m×6m，采用串联流程设计，利用冷却水回水通过表冷器对室外空气加热。为了使冷却水出水温度稳定，为间接蒸发冷却塔的排风机设置变频器，根据室外温度控制风机变频器的频率：当室外温度低时，降低风机频率，一直到停止风机；当室外温度高时，适当增大风机频率，从而保证稳定温度的冷却水出水。

图 4.2-10 给出了该间接蒸发冷却塔的照片，图 4.2-11 给出了间接蒸发冷却塔风机和其变频器的设置。

图 4.2-10 用在哈尔滨示范工程的间接蒸发冷却塔照片

图 4.2-11 风机变频控制水温稳定

该间接蒸发冷却塔自 2019 年 12 月运行至今，实现了在哈尔滨－25℃的室外温度时零结冰，彻底避免了常规冷却塔的结冰现象。图 4.2-12～图 4.2-14 展示了间接蒸发冷却塔内部参数的运行状态。由图 4.2-10 可见，在间接蒸发冷却塔风机变频的控制下，冷却水出水温度稳定在该机房要求的 10℃左右，而其表冷器出风和表冷器出水都稳定在了 11～12℃之间，安全可靠地实现了利用间接蒸发冷却塔为机房排热，且冷却塔不冻结。图 4.2-14 所示为测试得到的最低温度的工况，当室外温度低至－25℃时，间接蒸发冷却塔仍然可以可靠稳定运行，且无任何结冰现象。

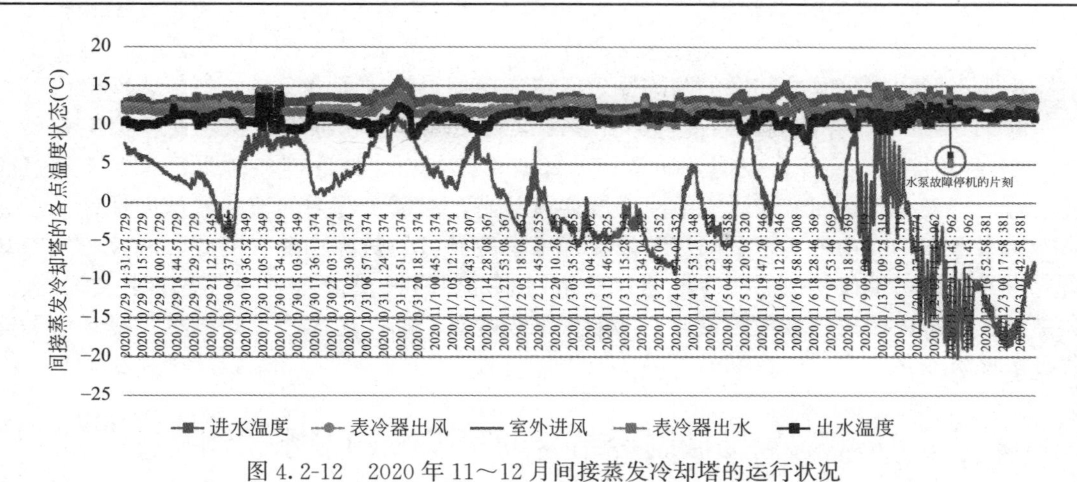

图 4.2-12　2020 年 11～12 月间接蒸发冷却塔的运行状况

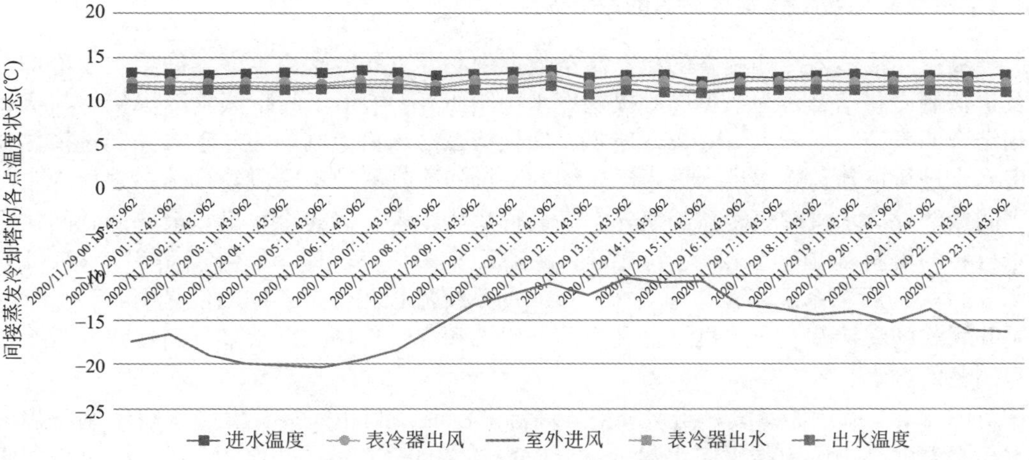

间接蒸发冷却塔的各点温度状态(℃)

20
15
10
5
0
−5
−10
−15
−20
−25

2020/11/29 00:11:43:962
2020/11/29 01:11:43:962
2020/11/29 02:11:43:962
2020/11/29 03:11:43:962
2020/11/29 04:11:43:962
2020/11/29 05:11:43:962
2020/11/29 06:11:43:962
2020/11/29 07:11:43:962
2020/11/29 08:11:43:962
2020/11/29 09:11:43:962
2020/11/29 10:11:43:962
2020/11/29 11:11:43:962
2020/11/29 12:11:43:962
2020/11/29 13:11:43:962
2020/11/29 14:11:43:962
2020/11/29 15:11:43:962
2020/11/29 16:11:43:962
2020/11/29 17:11:43:962
2020/11/29 18:11:43:962
2020/11/29 19:11:43:962
2020/11/29 20:11:43:962
2020/11/29 21:11:43:962
2020/11/29 22:11:43:962
2020/11/29 23:11:43:962

进水温度　表冷器出风　室外进风　表冷器出水　出水温度

图 4.2-13　2020 年 11 月底典型日的间接蒸发冷却塔运行状态

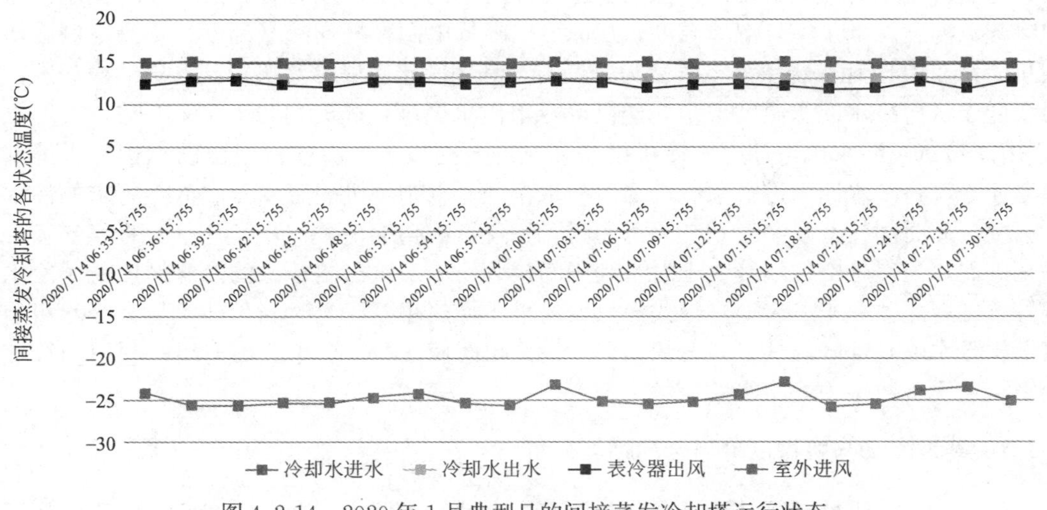

图 4.2-14　2020 年 1 月典型日的间接蒸发冷却塔运行状态

该示范工程是一个改造工程，该工程原本也设计了间接蒸发冷却塔的系统，但是由于中标企业不懂间接蒸发冷却塔的防冻原理，将表冷器设计成了纯叉流状态，表冷器内部水流速低于 0.2m/s，导致刚开始运行部分表冷器就出现了结冰冻管现象，使得该工程所设计的 27 台间接蒸发冷却塔仅能按照常规冷却塔模式运行，结冰现象非常严重。而经过改造之后，将表冷器从纯叉流状态改成为准逆流状态，保证水管内的流速，从而保证了表冷器内的水不冻，成功地实现了间接蒸发冷却塔本应具备的防冻功能。因此，间接蒸发冷却塔的防冻设计，不仅是依靠表冷器通过冷水回水加热进风使得填料塔的喷淋水过程不冻，也要对表冷器进行正确合理的设计，才能保证表冷器不冻，这样整个间接蒸发冷却塔才能彻底实现防冻。

4.3 与机械制冷结合的蒸发冷却冷水机组

4.3.1 蒸发冷却与机械制冷结合的系统原理

当夏季间接蒸发冷却制备的冷水高于数据中心要求的冷水温度时，间接蒸发冷却需要与及机械制冷相结合，为数据中心提供冷水。图 4.3-1 给出了间接蒸发冷水机组与机械制冷相结合的系统。如图 4.3-1（a）所示，间接蒸发冷水机组制备的冷水首先经过换热器与机房回水进行换热，冷水出水进入电压缩制冷机的冷凝器带走冷凝器排热，之后冷水出水回到间接蒸发冷水机的表冷器与室外空气进行换热，表冷器的冷水出水最终回到间接蒸发冷水机组的填料塔顶部喷淋，与空气接触进行蒸发冷却过程，最终制备出冷却水出水。图 4.3-1（b）所示系统流程与图 4.3-1（a）的系统流程相似，不同的仅是图 4.3-1（b）用的是并联式的间接蒸发冷水机组，表冷器中用来和空气换热的冷水来自间接蒸发冷水机组自身制备的冷水。

对图 4.3-1 所示的系统，当室外空气高温潮湿时，利用间接蒸发冷水机组制备出的冷却水出水温度高于机房冷水回水温度，此时应该关闭阀门 1，开启阀门 2，使得冷却水不再和冷水之间换热，而是直接进入冷机的冷凝器为冷凝器排热，此时间接蒸发冷水机组仅作为电制冷机组的冷却塔使用，但和普通冷却塔不同的是，此时间接蒸发冷水机组制备出的冷却水温度可低于室外湿球温度，从而可以降低电制冷机的冷凝温度，提高电制冷机的 *COP*，降低其电耗。当室外空气变得干燥时，利用间接蒸发冷水机组制备出的冷却水出水温度低于机房冷水回水温度但是高于机房冷水出水温度，此时可以开启阀门 2，关闭阀门 1，由间接蒸发冷水机组和电制冷机组联合制冷，间接蒸发冷水机组协助承担冷水的部分降温任务，将冷水回水进行预冷，之后冷水再经过电制冷机的蒸发器制冷至要求的冷水供水温度，此时间接蒸发冷水机组既承担电制冷机的排热任务，又承担冷水的部分降温任务。进而，当室外空气继续变干时，利用间接蒸发冷水机组制备出的冷水温度低于冷水温度，且二者之差高于二者通过板式换热器的最小换热端差，此时利用间接蒸发冷水机组可以承担冷水的全部降温任务，开启阀门 2，关闭阀门 1，电制冷机可关闭，利用间接蒸发冷水机组实现数据中心冷水的自然冷却。

4.3.2 蒸发冷却与机械制冷结合的性能分析

蒸发冷却与机械制冷结合是充分利用室外自然冷源降低数据中心全年 *PUE* 的途径之

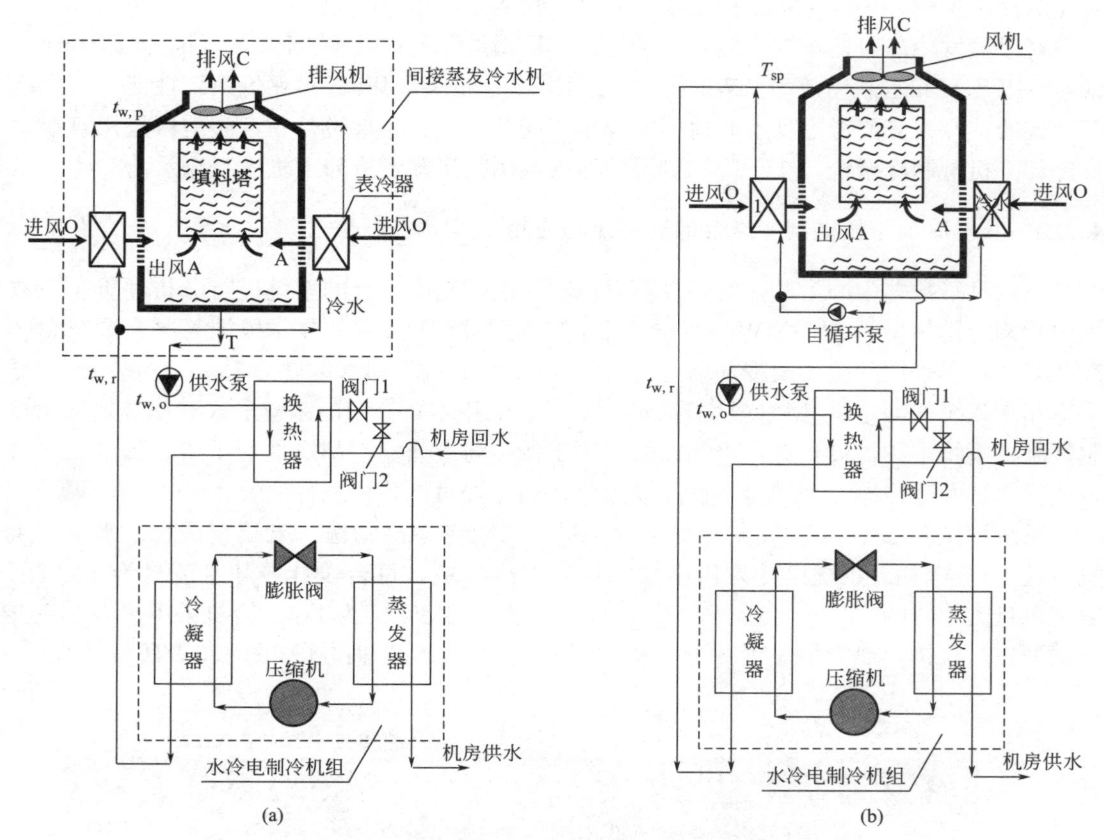

图 4.3-1 间接蒸发冷却塔与机械制冷方式相结合的系统

(a) 串联式间接蒸发冷水机组与电制冷结合；(b) 并联式间接蒸发冷水机组与电制冷结合

一，也是未来以蒸发冷却为冷源的数据中心的发展方向。该系统需要考虑当地全年气候条件变化，综合评价整体性能。一般而言，蒸发冷却与机械制冷耦合系统会根据室外气象条件分为三个制冷模式：机械制冷季、过渡季和自然冷却季。在机械制冷季，室外气象条件比较湿热，蒸发冷却无法提供自然冷却冷量，仅作为机械制冷冷凝器的排热端。在过渡季，蒸发冷却可以提供一部分自然冷却冷量，机械制冷作为冷量和温度的补充装置。在自然冷却季，蒸发冷却能够独立提供数据中心全部冷量。

单点气象条件的制冷模式可以简单地按照蒸发冷却出水温度和设计的冷水系统供回水温度进行划分。如果考虑当地全年气候变化，为保证冷却系统的安全性，应该尽可能扩大机械制冷季和过渡季的时长。

根据不同的室外条件和制冷模式，系统需要配备相应的控制策略。总体来说，为了保证全年 *PUE* 最优，控制逻辑是优先使用蒸发冷却提供自然冷却冷量。在机械制冷季，蒸发冷却风机和水泵都额定频率运行，尽可能降低机械制冷机的冷凝温度，提高制冷机 *COP*。在过渡季，蒸发冷却风机和水泵仍然按额定频率运行，尽可能多地提供自然冷却冷量，降低冷机制冷量占比。在自然冷却季，系统保持水泵额定频率运行，通过调节蒸发冷却风机频率保证系统冷量供应，兼具防冻和节能效果。在进行全年性能分析时，首先根据当地的气象条件将全年划分为机械制冷季、过渡季和自然冷却季。按照不同制冷模式制定对应的控制逻辑，可以粗略模拟出系统的全年性能。

对于蒸发冷却与机械制冷结合的系统，常采用能源利用效率（Power Usage Effectiveness，*PUE*）和水利用效率（Water Usage Effectiveness，*WUE*）评价系统性能。蒸发冷却方式的选择也需要考虑到不同地区的全年气候条件。一般来说，在潮湿地区选用直接蒸发冷却＋机械制冷系统，在干燥和半湿润地区选用间接蒸发冷却＋机械制冷系统。

4.3.3 蒸发冷却与机械制冷结合的实际工程应用

以北京某数据中心为例，对间接蒸发冷却与机械制冷结合的系统进行分析评价。该数据中心额定排热量为 24.3MW，冬季设计工况为湿球温度 8℃，夏季极端工况为湿球温度 30.9℃。冬季采用间接蒸发冷却塔进行自然冷却，额定供/回水温度为 19.5℃/13.5℃。夏季冷却水系统的额定供/回水温度为 38℃/32℃，采用本章介绍的系统形式和季节划分和控制策略。系统中关键设备有：电制冷机 3 用 1 备；间接蒸发冷却塔 3 用 1 备。每组 10 台；板式换热器和蓄冷罐。采用全年性能模拟分析的方法对该系统进行评价。

系统模拟在 2019 年的气象数据条件下进行，仅考虑冷却塔、末端空调箱、水泵、风机以及 UPS 电耗。系统设计采用串联间接蒸发冷却塔，每台设计冷却水流量为 120t/h，额定风量为 130000m^3/h，填料 *NTU* 为 2.17，表冷器 *NTU* 为 1.8。冷机采用热力学完善度模型进行模拟，热力学完善度为 0.6。机械制冷与自然冷却占比如图 4.3-2 所示。

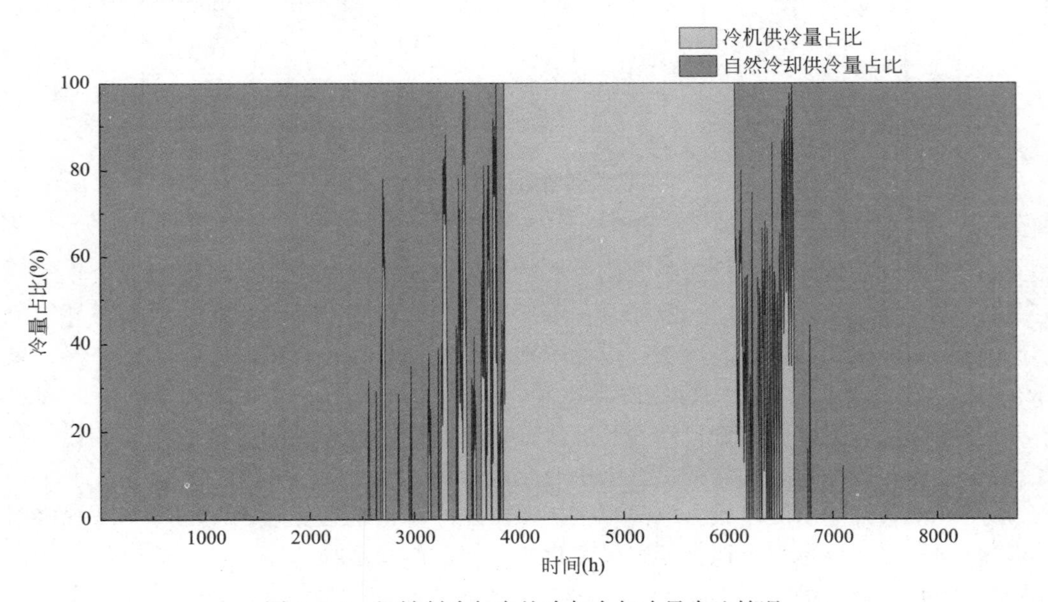

图 4.3-2 机械制冷与自然冷却全年冷量占比情况

对全年气象数据进行模拟分析后，进行如下季节划分：

10 月 5 日～次年 4 月 15 日：自然冷却季；

4 月 16 日～6 月 10 日以及 9 月 11 日～10 月 4 日：过渡季；

6 月 11 日～9 月 10 日：机械制冷季。

以串联间接蒸发冷却塔和并联间接蒸发冷却塔为冷源的系统的性能比较如表 4.3-1 所示。

以串联间接蒸发冷却塔和并联间接蒸发冷却塔为冷源的系统性能比较　　表 4.3-1

系统形式	并联系统	串联系统
自然冷却时长(h)	5722	5585
过渡季时长(h)	1960	2036
夏季时长(h)	1078	1139
自然冷却总冷量(kWh)	168535129(77.1%)	161711671(73.9%)
冷机总冷量(kWh)	50167696(22.9%)	56991151(26.1%)
电耗(kWh)	21961180	21175282
水耗(t)	274497	262410
空调箱电耗(kWh)	7036842	7036842
UPS 电耗(10%IT 电耗)	21286800	21286800
PUE(包含 UPS)	1.236	1.233
WUE	1.29	1.23

在北京，串联间接蒸发冷却系统的 *PUE* 和 *WUE* 都要低于并联间接蒸发冷却系统，更具优势。本节中已经将 10%UPS 损耗考虑在内，能够实现 1.233 的 *PUE*，节能效果显著。

4.4　蒸发冷却制备冷水技术小结

利用蒸发冷却技术制备冷水，是数据中心冷却系统实现自然冷却的主要方式。直接蒸发冷却制备冷水，即冷却塔技术，与间接蒸发冷却制备冷水技术相比，适用于相对湿度较高的区域，如我国东南地区，利用冷却塔制备冷水可以作为数据中心较好的自然冷源。利用间接蒸发冷却制备冷水，可以降低冷水出水温度，延长自然冷却时间，在冬季还可以较好地解决结冰问题，在西北干燥地区，当数据中心所要求的冷水温度较高时，还可能实现全年自然冷却，应成为在北方建设的大型数据中心优先选择的冷源方式。

第 5 章 自然冷水源

数据中心是典型的大规模、高密度电子器件集成系统，随着现代科学技术的发展，其总热负荷和热流密度急剧上升，传统数据中心冷却系统的经济性和可靠性面临较大挑战。自然冷源的利用是保障数据中心建设、提高系统能效的重要措施。基于自然冷水源利用的冷却方式主要是利用室外自然低温水资源来提高冷却系统能效，由于水的热容量大、水温较空气温度稳定，可以有效保障数据中心冷却需求，降低数据中心空调系统能耗。自然冷水源主要包括湖水冷水源（水库冷水源）和海水冷水源。我国内陆水库冷水资源丰富，至2019 年，我国水库总计 98000 余座，水库库容积近 9000 亿 m^3，其冷量如能被充分利用，对数据中心制冷将很有帮助。例如，湖南资兴市的东江湖数据中心是直接利用湖水进行自然冷却的成功案例，由于东江湖水温常年处于 13℃以下且冷水资源丰富，非常适宜作为自然冷源进行应用，年平均 *PUE* 低于 1.2，是我国最节能的绿色数据中心之一。此外，由于海水冷水源分布广（全球分布占 71%），水体大且水温恒定，可以作为可靠的冷水源对数据中心进行制冷。我国有大规模数据中心需求的区域集中分布在京津冀、长三角、珠三角等沿海经济较发达地区，在这些地区探索海底数据中心模块化建设，有效降低数据传输延迟及建设成本问题，同时能够有效利用低温海水进行散热，无需布置多余的制冷设备，显著降低了制冷功耗和投入成本。Google 在比利时的数据中心利用运河水带走数据中心的热量，充分利用了海水冷水资源，降低了能耗，*PUE* 可降到 1.11。

5.1 自然冷水分布

利用自然冷水带走数据中心服务器产生的热量，能极大程度地降低数据中心制冷系统的能耗，从而降低数据中心的 *PUE*。全球范围内采用自然水冷的部分数据中心情况如表 5.1-1 所示。自然冷水源包括海水、河水、湖水以及地下水，水温均在 25℃以下。由于经济因素，大型数据中心主要分布于北半球。其中，国外采用自然冷水冷却数据中心的纬度一般在 40°～60°之间，属于中纬度地区；国内采用自然冷水冷却数据中心的纬度主要在 25°～30°之间，位于低纬度地区。

全球部分自然水冷数据中心情况 **表 5.1-1**

序号	名称	地点	经纬度	水源	温度(℃)
1	Stavange 数据中心	挪威西海岸	E5.33;N60.38	海水	7.7
2	Saint-Chislain 数据中心	比利时	E4.36;N50.84	河水	—
3	Hamina 数据中心	芬兰	E24.96;N60.14	海水	—
4	阿姆斯特丹数据大厦	荷兰	E4.9;N52.36	地下水	—

续表

序号	名称	地点	经纬度	水源	温度(℃)
5	安大略湖数据中心	加拿大	W77.76；N43.60	湖水	4
6	千岛湖数据中心	中国	E119.01；N29.58	湖水	14
7	云巢东江湖数据中心	中国	E113.37；N25.83	湖水	13
8	海兰信海底数据中心	中国	N21° 48′～22°27′、E113°03′～114°19′	海水	24.9
9	微软	苏格兰北部海岸的奥克尼群岛	S50°30′～S50°55′、E165°50′～E166°20′之间	海水	—

5.1.1　海水冷水源

海洋是天然的蓄冷池，海平面以下 50m 左右的海水常年保持在一个温度水平，且随着纬度的升高略有降低，若将这些海水作为数据中心的自然冷源，可减少或取消机械制冷系统的使用，有效解决数据中心冷却系统能耗过高的问题。目前海水温度获取的方法通常是现场实测、查阅当地海洋气象部门公布的数据和查阅相关文献等。现场实测获取的温度数据量通常是有限的，需要进行大量的长期实测，才能使获得的温度数据具有一般代表性。对于文献中查阅获得的海水温度数据多为历年月平均温度或者多年累计月平均温度。此外，海洋温度是不断变化的，受到全球气候变暖的影响，海水温度呈现缓慢上升的趋势。国家卫星海洋应用中心的全球海表温度分布情况，以北半球为目标，海表温度低于 15℃的海水基本在北纬 45°以上的海域，可实现海水冷却的区域主要分布在太平洋北方海岸地区和北冰洋南沿岸地区；对于海表温度在 15～25℃之间的区域，则分布在北纬 40°～45°之间的狭小空间。对于南半球而言，海表温度低于 15℃的区域较为广阔，基于分布在南纬 30°以上的海域，主要有非洲、大洋洲和南美洲的南部沿海地区，然而这些区域的海岸线很短，陆地面积极小，利用南半球海水冷却的可行性很低；而对于海表温度在 15～25℃之间的区域，则分布在南纬 20°～30°之间，主要有非洲、南美洲的中部沿岸地区。

我国海洋资源丰富，主要海域包括渤海、黄海、东海、南海等，总面积约 470 多万平方千米，海岸线绵延 18000km。其中，渤海及黄海北部易受大陆气候的影响，黄海南部及东海海水温度受洋流影响较大，而南海终年温度较高，季节变化较小。由于我国海域跨越热带、亚热带、温带等气候区，且各海域地理位置不同，因此近海温度分布主要呈现自北向南逐渐递增，年较差由南向北逐渐减小的特点。

由于地域不同、季节不同，我国近海温度呈现不同的分布规律。以渤海、黄海及东海为例，冬季时由于气温低，表层水温高于气温，外海水温高于沿岸水温。此时，由于偏北季风盛行，浅水区温度垂直分布较为均匀。夏季时太阳辐射强烈，因此气温高于表层水温，表层水温温度上升明显，但水平方向差异小，南北区别不大。此时，由于深层升温较慢，混合较弱，垂直方向存在较明显的分层现象。这种温度分层现象在黄海尤其明显。春季与秋季海水温度分布状况较为复杂，不稳定性大。

南海是我国近海面积最大、水深最深的海区，面积 340 万 km^2，平均水深 1212m，最大水深 5559m。南海表层水温除北部的部分区域外，约为 28.6℃。100～300m 间的次表层水水温为 12～20℃，300～500m 间的次表层水水温为 6～11℃，1000m 以下的深层水最低可达 2.36℃。东海是我国陆架最宽的边缘海，平均水深 370m，其中，中层水深 400～800m，温度 6～15℃。夏季海水将形成温度跃层现象，由近岸 10m 至黑潮区约 100m。秋季东海表层水温为 19～26℃，100m 深处的东海外陆架上，底层水为 18℃左右。渤海是我国最大的内海，海水温度随季节有明显变化。渤海水温 2 月份达到最低值，海域水温在 −0.5～2.5℃，夏季水温在 22.5～26.5℃，春秋季节水温在 9.0～16.5℃。黄海冬季表层水温在 0～13℃，南北地区差异较大。夏季温度分布较为均匀，地区差异小，在 24～27℃之间。在黄海北部和渤海，6 月份一般会出现较强的温度分层现象，水温垂直分布为三层：上层为高温层，温度随水深递减；中间为温跃层，出现明显的温度垂直分布，为 0.2～1℃/m；下层为低温层，水温基本一致。10 月份左右，温跃层的趋势减弱，11 月份该现象基本消失。

5.1.2 湖泊冷水源

湖泊是地球上重要的淡水资源库，湖泊冷水资源也可以用来作为数据中心的自然冷源。世界十大湖泊的水温情况如表 5.1-2 所示，绝大多数的大型湖泊位于北半球的中纬度地区，常年水温低于 25℃，且蓄水量在 1 亿 m^3 以上，冷水资源丰富，冷水资源用于数据中心冷却的潜力巨大。

世界十大湖泊水温情况 **表 5.1-2**

序号	名称	经纬度	海拔（m）	面积（km^2）	水量（亿 m^3）	夏季水面平均水温（℃）	冬季水面平均水温（℃）
1	里海	E50.93，N41.4	−28	386428	77	25	5
2	苏必利尔湖	W92.39，N47.94	180	82414	12	4	<0
3	维多利亚湖	E32.96，S1.1	1134	69400	—	29	21
4	休伦湖	W82.31，N44.57	177	59600	35.4	23	<4
5	密歇根湖	W86.98，N43.92	177	58000	48.75	15	5
6	坦噶尼喀湖	E29.49，S6.8	774	32900	—	26	21
7	贝加尔湖	E108.26，N53.56	455	31500	236	10	−38
8	大熊湖	W120.3，N65.94	156	31000	22.3	27	−5
9	马拉维湖	E34.54，S12	472	30800	—	24	28
10	大奴湖	W114.05，N64.67	156	28600	20.88	4	−10

我国湖泊数量多、分布广，广泛分布于东部平原、青藏高原、云贵高原、蒙新高原、东北平原与山地五大湖区。表 5.1-3 所示为我国十大湖泊地理及水温情况，一些湖泊例如青海湖和色林湖，由于所在位置的海拔较高，年平均水温较低，拥有充足的冷水资源；另外一些湖泊主要分布在中纬度地区，由于蓄水量大，湖水的年平均水表温度大多也在 20℃以下，拥有季节性的冷水资源。

我国十大湖泊水温情况　　表 5.1-3

序号	名称	经纬度	海拔（m）	水量（亿 m^3）	年均水表温度（℃）	径流量（亿 m^3）
1	青海湖	E99.36，N36.32	3196	73.9	12.8	19.3
2	兴凯湖	E132.4，N45.2	69	15	11.5	15.5
3	鄱阳湖	E116.3，N29.15	128	27.6	18.3	1494
4	洞庭湖	E112.3，N28.5	33.5	17.8	17.5	3018
5	太湖	E120.15，N31.15	337	4.5	17.1	75
6	色林湖	E89，N31.5	4530	—	15.3	—
7	呼伦湖	E117.15，N48.5	546	7	—	21.2
8	纳木错	E90.3，N30.45	4720	76.8	7	22.56
9	博斯腾湖	E87，N42	1048	9.9	7.9	14.23
10	洪泽湖	E118.3，N33.15	10	2.6	15.6	307

5.1.3　水库冷水源

水库为拦洪蓄水和调节水流的水利工程建筑物，可起防洪、灌溉、供水、发电、养殖等作用。随着我国基础设施的快速发展与逐步完善，利用水利设施服务建筑工程行业的期望也随之不断增加，我国水库数量及水库库容量如图 5.1-1 所示，至 2019 年，总计 98000 余座，库容积近 9000 亿立方米。我国部分省份水库数量及水库库容量如图 5.1-2 所示，可以看到，华中及华南的省份水库保有规模较大，自然冷水资源较丰富，尤以湖南、湖北、江西、广西等地较为突出，具有很大利用潜力。

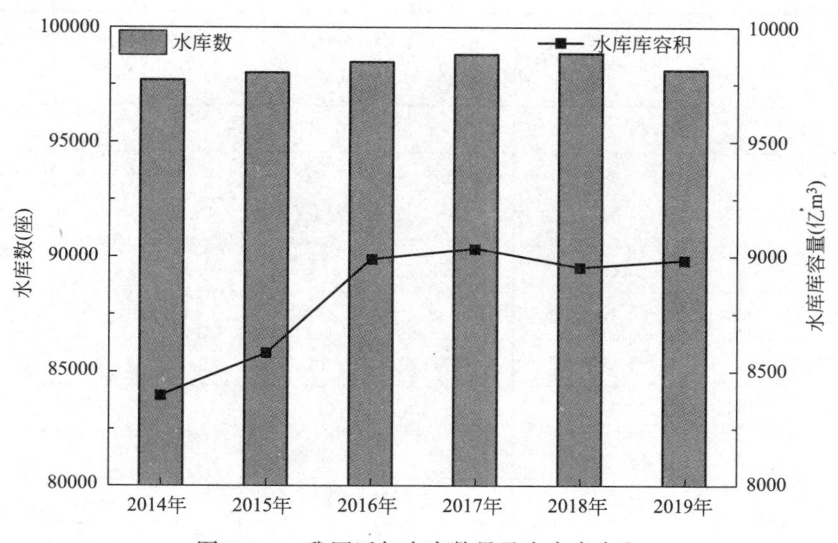

图 5.1-1　我国近年水库数量及水库库容积

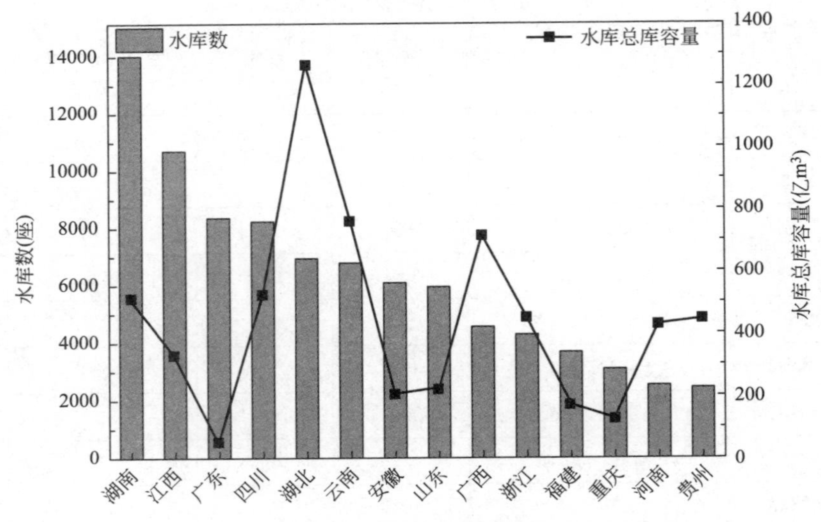

图 5.1-2　我国部分省份水库数量及水库库容量分布情况

我国十大水库地理以及水温情况如表 5.1-4 所示。根据十大水库的水温分布，由于其底层平均水温常年低于 20℃，水库底层冷水非常适合用作数据中心冷却系统的冷源。为了满足数据中心全年不间断运行要求，应保证在水库最小径流量条件下依然满足冷却需求。在不影响水电站正常运营的情况下，取水电站年最小径流量的 10%作为可供给数据中心冷却的冷水流量。假设数据中心单机架功率为 6kW，冷水温差为 5℃，则一台机架所需要冷水流量为 0.28kg/s，一年需要 9010t 冷水流量。考虑 10%的安全裕量，单机架一年所需冷水量为 10000t 冷水进行冷却。若在我国十大湖泊和水库旁建设数据中心，其冷水冷量可冷却机架数如表 5.1-5 所示。

我国十大水库地理以及水温情况　　表 5.1-4

序号	名称	经纬度	海拔(m)	水量(亿 m^3)	库底年平均水温(℃)	径流量(亿 m^3)
1	三峡	E109.54,N31.04	185	393	—	4500
2	龙滩	E106.40,N29.81	600	273	19.9	507.7
3	龙羊峡	E100.43,N35.80	2599	247	3.4	205.6
4	新安江	E119.13,N29.7	115	216.26	10.40	104.5
5	丹江口	E111.59,N32.75	158	290.5	12.10	394.8
6	三门峡	E111.31,N34.82	377	18.1	13.8	387
7	永丰	E121.22,N46.19	—	0.254	—	—
8	新丰江	E114.55,N23.84	100	140	12.00	1701
9	小浪底	E112.24,N34.95	248	126.5	16.1	418.5
10	丰满	E126.70,N43.73	266.5	108	6.20	139

我国十大湖泊和十大水库可供数据中心冷却的理论机架数　　表 5.1-5

十大湖泊	理论机架数(万架)	十大水库	理论机架数(万架)
青海湖	19.3	三峡	4500
兴凯湖	15.5	龙滩	507.7
鄱阳湖	1494	龙羊峡	205.6
洞庭湖	3018	新安江	104.5
太湖	75	丹江口	394.8
色林湖	—	三门峡	387
呼伦湖	21.2	永丰	—
纳木错	22.56	新丰江	1701
博斯腾湖	14.23	小浪底	418.5
洪泽湖	307	丰满	139

5.2　水库冷水源数据中心

5.2.1　水库冷水利用生态修复

为了满足防洪、发电、供水等多功能的要求，设定了水库不同的运行方式来实现水资源的利用。然而，水库改变了天然河流的水文，同时也对热量进行了时空分配，引起了水温在流域沿程和水深上的梯度变化，进而对河流生态系统产生了不同程度的影响。以湖南省东江湖水库为例，建库前东江湖月平均水温及年平均水温随水深分布如图 5.2-1 所示，可见，其水温呈现典型分层型特性，具有显著的表温层、温跃层及滞温层，东江湖下游水温全年基本稳定在 15℃左右。修建后的东江水库为多年调节水库，典型月份水温随水位变化情况如图 5.2-2 所示，可以看出，修建水库后其表温层、温跃层占比很小，水位 250m 以下迅速发展为滞温层，滞温层内温度基本稳定在 13℃以下。此外，修建后的东江湖水库的入库水温、表层水温、库底水温及下泄口水温年内变化如图 5.2-3 所示，水库下泄水从库内约 50m 深处流出，下泄口水温全年维持较低的温度（约 13.4℃）。通过对比可以看出，修建水库后下游水温出现明显降低，在短时间内将对下游鱼类及水生植物等的生存产生不利影响。为此，数据机房对水库冷水资源的利用理论上可以降低这种负面作用。

为了量化数据机房冷水利用对水库下游的生态热修复，以当前东江湖数据中心建设规模 1.8 万台机柜为例进行说明。按照平均每台机柜 4kW 计算，同时考虑包含其他产热设备（按冗余系数 1.2 计），则总的产热量 $Q=18000\times4\times1.2=8.64\times10^4$kW，由此冷却湖水的热平衡关系式可得：$Q=c_p\cdot m\cdot\Delta t$，$\Delta t=5$℃，则质量流量 $m=4128$kg/s。利用 ANSYS-Fluent 软件对排入河流的热水进行温度场数值模拟求解，取数据中心上游 1km 至下游 20km 河道为研究范围，根据实际计算得到的取、排水体积流量及河道结构等设置边界条件。河道温升区间的包络范围统计结果如图 5.2-4 所示。可以看到，在东江湖数据中心当前的建设规模下，冷水利用的热修复范围主要集中在 0.0～0.2℃温升范围，全域面积占比达 93.52%，而 0.2～0.4℃温升热修复范围全域面积占比为 3.78%，1.0～2.0℃温升

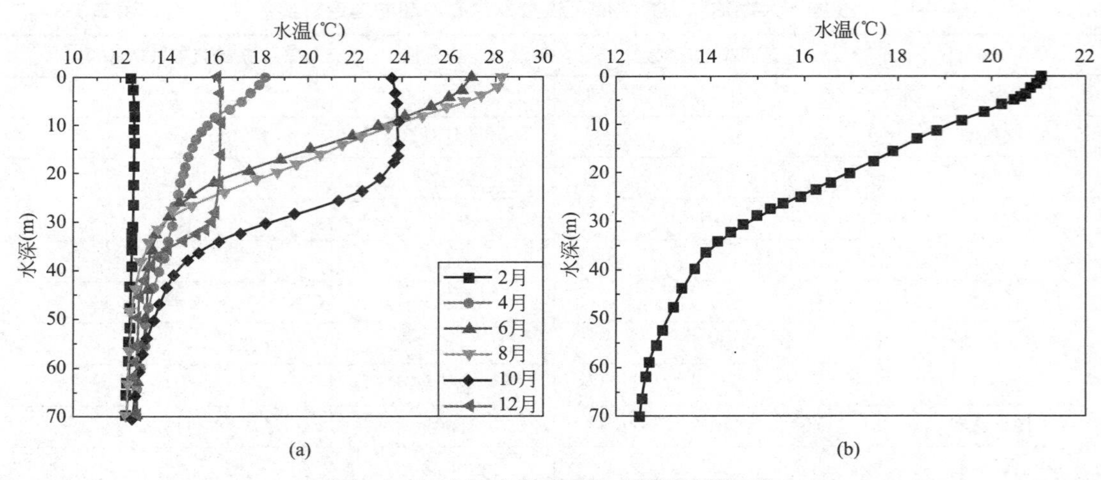

图 5.2-1 东江水库建库前水温随水深变化

(a) 月平均；(b) 年平均

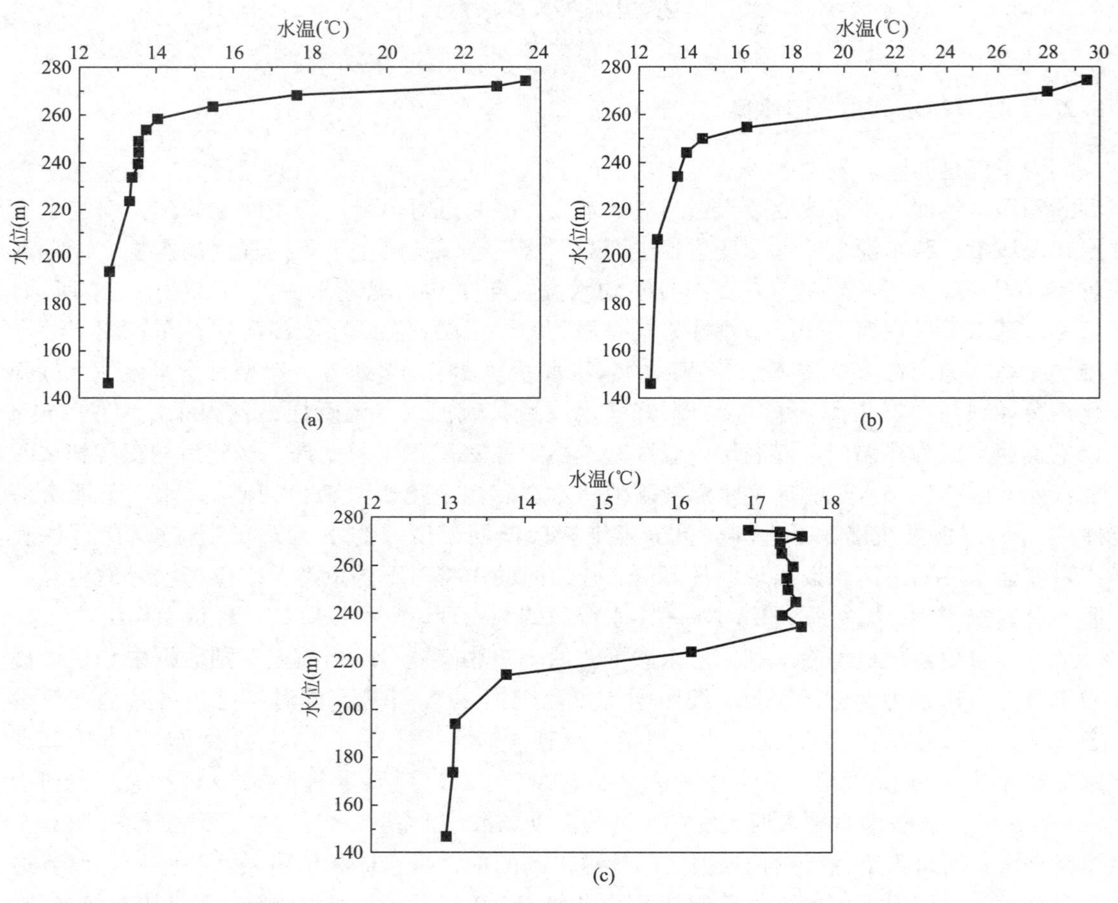

图 5.2-2 东江水库建库后水温随水深变化（2007 年数据）

(a) 5月；(b) 8月；(c) 12月

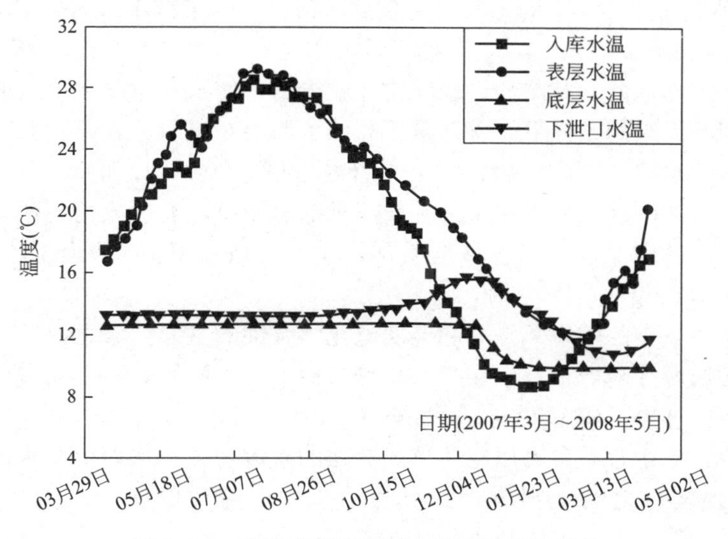

图 5.2-3　东江水库建库后全年水温变化情况

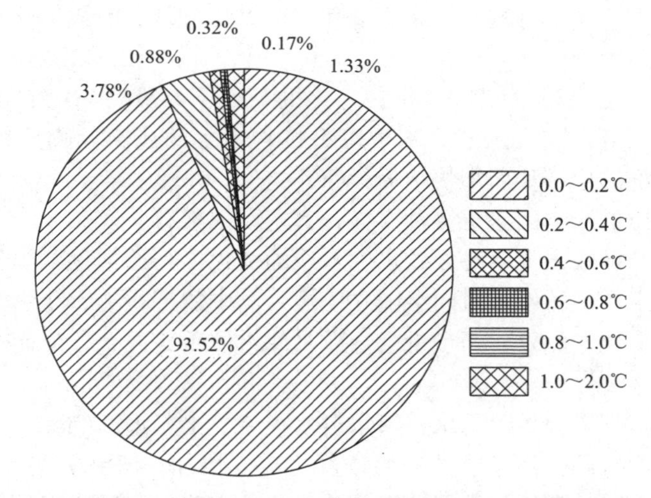

图 5.2-4　东江湖数据中心热排水对下游水体温升区间的包络范围统计结果

热修复范围全域面积占比为 1.33%。综合来看，建设数据中心能够对小东江水温起到一定的热修复作用。

5.2.2　水库冷水特点及利用形式

1. 水质

水质是影响换热器效率的重要因素。对于水库自然水源，其库水中富含微生物、无机盐类、泥沙、溶解氧等物质，使得水具有酸碱度、硬度、矿化度和腐蚀性等多种化学性质，从而对换热器机组产生腐蚀、结垢等影响。由于换热器是湖水侧系统最重要的设备，为了保证换热器安全、高效运行，水库冷水利用的水质标准主要参考换热器水质要求标准，主要包括：

（1）pH：水的 pH 小于 7 时呈酸性，反之呈碱性，为了减小水对机组金属的腐蚀，水库水源 pH 应在 6.5～8.5。

（2）浊度：水库水源含有泥沙、悬浮物、胶体物，使水变得浑浊不透明，在数据中心机组长时间不间断运行的条件下，含沙量较高的水源会对机组、管路和阀门造成磨损，影响使用寿命；水库水源浊度应≤10NTU，悬浮物浓度≤20mg/L。

（3）硬度：水的硬度主要指水中钙、镁离子的总浓度，其生成的钙镁盐类是换热器结垢的主要成分，水的硬度越大越容易生垢，并在一定条件下引起垢下腐蚀，总硬度（以 $CaCO_3$ 计）应≤150mg/L。

（4）溶解氧：水中的溶解氧是引起金属电化学腐蚀的主要因素之一，一般条件下溶解氧含量越多，金属腐蚀越严重；但在某些特殊条件下，溶解氧会在金属表面生成钝化保护膜，从而减缓腐蚀速度；溶解氧应≤0.1mg/L。

（5）电导率：水中含有各种以离子形式存在的溶解盐类，从而引起水的导电作用，水的导电能力的强弱称之为电导率，其反映了水中电解质的多少；在 25℃下电导率≤400μS/cm。

（6）Cl^-：氯离子具有半径小、穿透能力强的特点，其扩散难以阻碍，同时能够容易吸附在金属表面，由于其本身具有一定络合性，可以与金属表面或钝化膜产生反应，最终造成局部腐蚀；Cl^- 应≤100mg/L。

（7）COD：化学需氧量（COD）是在一定的条件下，采用一定的强氧化剂处理水样时，所消耗的氧化剂量；其表示的是水中以有机物为主的还原性物质程度的指标；COD 较高容易导致微生物滋生，从而加快结垢；COD 应≤30mg/L。

此外，水库水质的影响因素也多种多样，其主要因素有：

（1）雨洪影响：极端天气容易导致水库水质的变化，其最常见的为暴雨和洪水；在雨洪影响下，库水在水库中的停留时间会随之缩短，其中的沉积物、化学含量、微生物与有机物含量均会发生变化。此外，雨洪也会导致水库水体垂直混合，从而改变水库的内部动力学。

（2）干旱影响：干旱会导致雨水、河水自然径流等水库水源的减少，从而变相增大其他物质的点源贡献度，部分污染物的环境浓度也随之增加。研究表明，总溶解固体浓度、导电率、硝酸盐等水质参数均与干旱呈正相关；此外，营养物质浓度的升高也利于藻类的繁殖，改变水库营养循环及生物群，从而影响水库水质。

（3）上游来水影响：上游来水的水量、水质及污染物通量等参数也会显著影响水库水质。上游来流区域的农业面源、生活污水及工业废水都是水库水质的潜在污染源。

（4）气温影响：气温的快速变化及极端气温也会对水库水质产生影响。一方面，高温引起表层水温升高，减少垂直方向的湍流混合，增加水体垂直层面的稳定性，改变水库水体的水力平衡；此外，还会促进藻类等水生植物的生长。另一方面，低温也会影响水库水质，浅层水体温度的快速降低会破坏原有的水体温度梯度，促进水库深层水与表层水的混合，导致溶解氧、pH、COD 等水质参数在垂直方向发生变化，从而影响表层水体的水质。

2. 水温

水库在不同水文条件、气候条件和水库运行方式下，具有不同的水温结构，一般分为三种类型：稳定分层型、混合型和过渡型。其中，稳定分层型水库从垂直方向上分为温变层、温跃层和滞温层；温变层位于水体表层，又称表面混合层，由于其直接与空气发生热交换，且水体易在风浪、对流等作用下掺混，导致其水温最易受气温变化影响；温跃层处于水体中部，其水温在垂直方向上有较大梯度，水体的垂向掺混受到了一定抑制；滞温层位于水体底部，水体常年处于低温状态，温度梯度较低。混合型水库在垂直方向上的温度梯度较小，上下层水温分布较为均匀，但水温随季节变化较大。而过渡型水库的水温结构介于稳定分层型和混合型之间。

此外，水库水温分层的影响因素众多，其主要因素有：

(1) 气象条件：气温、太阳辐射、蒸发量等因素能直接影响水库水体表面温度，从而导致水库水体水温分层的差异性，其中气温的影响最为关键。研究表明，水库上部水温随季节的变化最为明显，在夏季气温较高、太阳辐射较强时，表层水温达到峰值，垂向水温梯度最大；在冬季气温较低、太阳辐射较弱时，表层水温随之降低，水温梯度最小。

(2) 上游来流：当入流水温低于水库底层水温时，来流进入水库后会直接流至库底；当入流水温比表层水温高时，来流进入水库后会在水库表层流动；当来流水温介于表层与底层温度之间时，来流进入水库后会先在重力作用下朝库底流动，当流动到与之相同温度的高度时，再沿水平方向流动。此外，若入流的水体密度与水库水体差别较大时，也会对水库水温分层造成较大影响。

(3) 水库出流：影响水库水温分层的水库出流参数主要是泄水孔位置及下泄流量。泄水孔位置的不同，会影响变温层和温跃层的高度；而下泄流量较大时，泄水孔位置较低会带走低温水，泄水孔位置较高会带走高温水，均会影响水温的垂向梯度，导致水库水温分层的变化。

(4) 蓄水条件：由于不同时段内的水库来流量、来流水温、掺混能力均有所差异，不同蓄水条件下的水温分层也存在区别。例如蓄水时间集中在冬季，那么在夏季的水温分层会更为稳定。

(5) 水库形状：影响水库水温分层的水库形状参数主要有水深、表面积、截面积等。水库水深较小时，其水温主要受气温影响，水体温度分层较弱；而水深较大时水温分层明显。当水库表面积较大时，表面的变温层比较明显，会促进深水库的分层现象，而对浅水库会许削弱其水温分层。

3. 系统形式

(1) 间接取水式：间接式又称开式系统，主要部件包括取排水系统、取水泵、板式换热器、末端循环水系统及循环水泵等。该系统先将水库中的低温冷水引入尺寸合适的蓄水池内，库水经初步沉降后，通过取水泵将其送入过滤器进行水质处理，再送入板式换热器与机房末端回水换热，最后通过排水口排入水体。系统原理图如图 5.2-5 所示。

间接式系统只需建设取、排水口及相应管路，无需在水下设置换热器，具有施工难度小、初投资低的优点；但其取水泵安装受水位及安装高度限制，且板式换热器高差过大会增加系统的取水能耗，板式换热器也会占据一定的机房空间。

(2) 闭式系统：闭式系统指的是直接在水下设置换热器，末端循环水通过闭式换热器与自然水源进行换热，其部件包括水下换热器、循环水泵、末端水系统等等。系统原理图如图 5.2-6 所示。

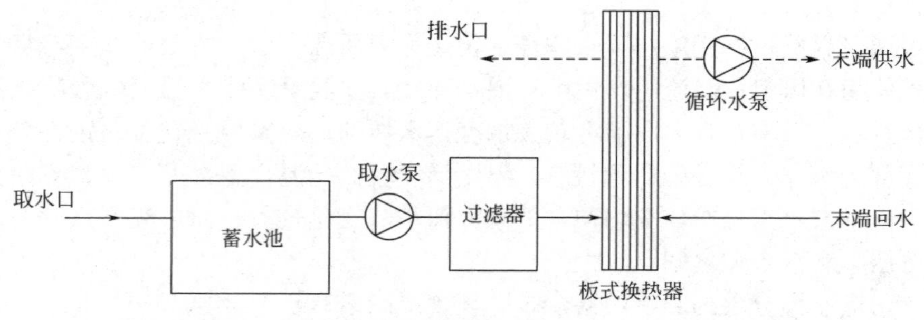

图 5.2-5　数据中心间接式水库全自然冷却流程图

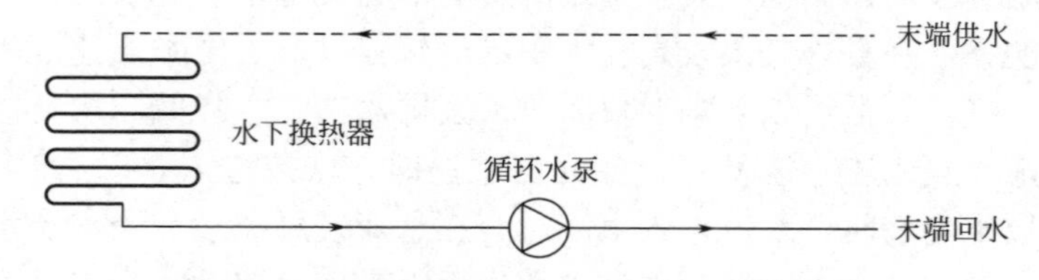

图 5.2-6　数据中心闭式水库全自然冷却流程图

闭式系统的水下换热器有 U 形盘管、线圈盘管等多种形式，管材选用强度高、耐腐蚀的材料；其主要优点是系统无需设置中间换热器，水泵安装高度不受限制；但需在水体底部进行换热器盘管及固定底座的布置，施工难度大、初投资较高。另外，水下盘管容易结垢影响换热效率，且不易清洗。

4. 水库数据中心案例介绍

（1）直接利用

库水直接利用即是将数据中心建设在库区附近，通过直接抽取水库水体中的库水对数据中心进行冷却（见图 5.2-7）。一般来说，水温低于 18℃即可满足数据中心的散热需求，由于大型水库一般均存在水温分层现象，表层水体温度为 18～21℃，且随季节波动较大，不适合作为数据中心的冷却水，所以直接利用形式主要是抽取水库的下层水体。抽水深度越大，水温越低，越有利于数据中心冷却。另一方面，随着抽水深度的增大，系统的土建成本也大幅增加，且库底的泥沙杂质较多，会增加系统的过滤负担。

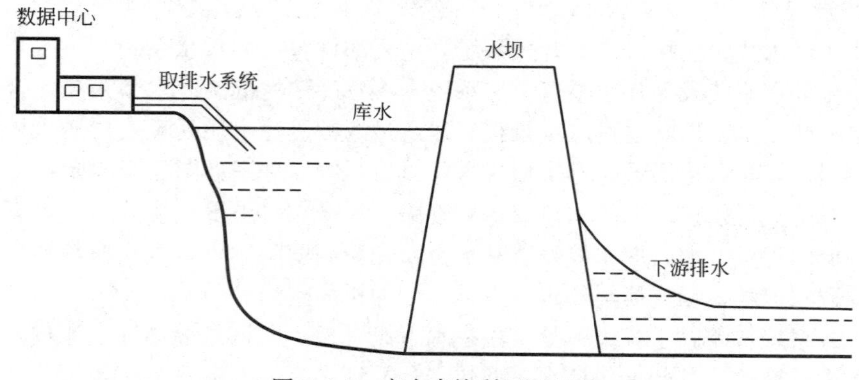

图 5.2-7　库水直接利用原理图

浙江阿里云千岛湖数据中心是采用库水直接利用形式的数据中心之一（见图 5.2-8）。通过抽取千岛湖（即新安江水库）35m 左右的中层湖水，使得其自然冷却时间可占全年的90%，设计年平均 *PUE* 低于 1.3，实现了数据中心的高效冷却。

图 5.2-8 千岛湖数据中心湖水泵房

（2）下游利用

下游利用即是在水库下游搭建数据中心并利用下游水作为冷源（见图 5.2-9）。由于下游水温与水库泄水孔位置有较大关系，因此下游利用的形式主要适用于泄水孔位置较低的水库，此时下游来水主要为上游水库中下层水体的低温库水，库水在朝下游运动过程中与空气换热，温度有所升高，但仍能满足数据中心冷却需求（<18℃）。另一方面，数据中心排出的高温水可进一步提高下游河道的水温，有效缓解水库低温排水对下游生态系统的不利影响，对生态环境及枢纽工程本身具有重要意义。

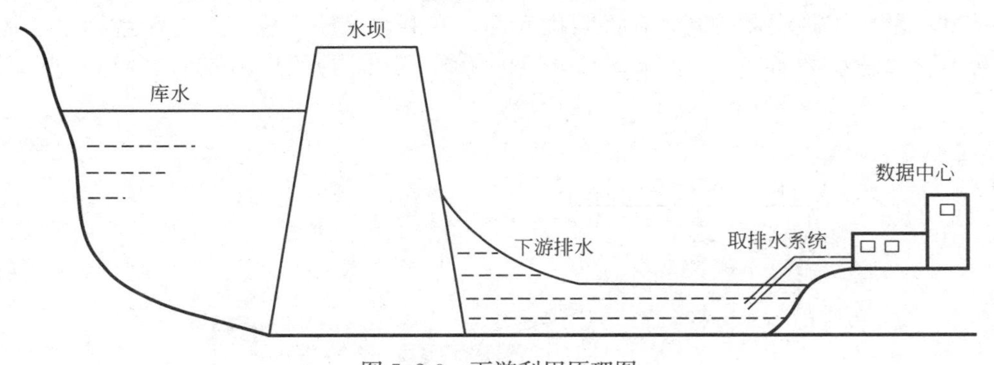

图 5.2-9 下游利用原理图

湖南资兴东江湖数据中心是采用下游利用形式的数据中心之一。东江湖数据中心在东江大坝下游排水 10km 处取水，取水处水位、径流均较为稳定，水温常年处于 11～16℃，湖水在沉淀池初步沉降后，利用取水泵将湖水引入制冷机房的板式换热器中，将机房末端输送的冷水却至低温，再将加热后的湖水排回东江，实现年平均 *PUE* 低于 1.2（见图 5.2-10）。

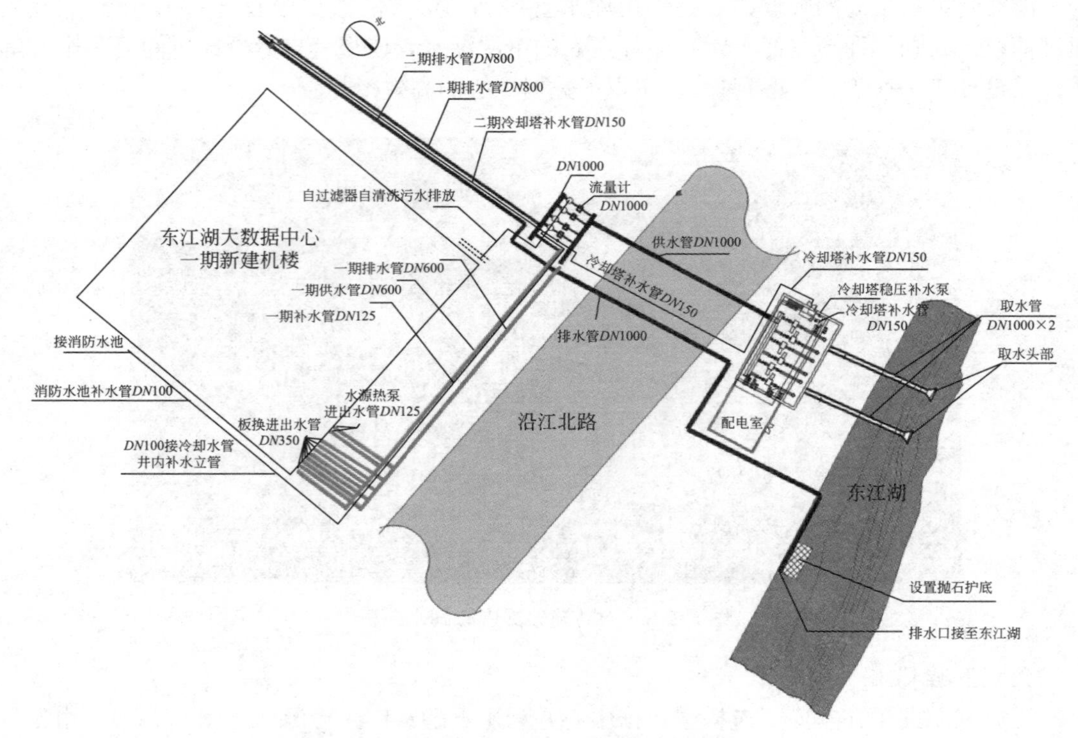

图 5.2-10 湖南资兴东江湖数据中心取水方案

（3）引水利用

引水利用即是利用水库已建或新建的隧洞、管道，从水库底部放出底层冷水为数据中心冷却所用（见图 5.2-11）。隧洞可分为有压、无压两种形式，有压隧洞是全程以满洞有压流态过水的水工隧洞，水流充满隧洞整个断面，洞内水压力较大；无压隧洞是洞内水流呈明流状态的水工隧洞，其洞内存在自由表面，其洞内水压力较小。对于数据中心而言，利用库水高差产生的压力，可有效降低水泵的功率，从而进一步提升数据中心节能水平。

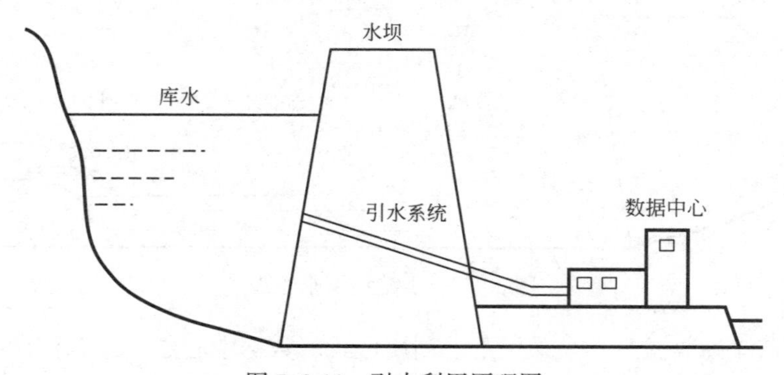

图 5.2-11 引水利用原理图

丹江口武当云谷大数据中心是采用引水利用的数据中心之一。该数据中心从丹江大坝右岸小水电坝段原有预留的 $DN800$ 阀门接出，采用成品保温管沿检修通道敷设出大坝，直埋至项目园区，从而利用其库深层低温水向绿色数据中心供水降温；同时，利用库区水头压力，自然压入换热器供冷，从而减少水泵能耗，数据中心整体能耗效率（*PUE*）≤1.2（见图 5.2-12）。

图 5.2-12　丹江口武当云谷大数据中心取水方案

5.2.3　水库数据中心经济分析

水库冷水自然冷却系统，相比于机械压缩制冷系统，可显著降低数据中心冷却系统能耗，但冷水输送将造成冷水温升、冷量损失，且冷水泵能耗和冷量损失随着输送距离的增加而增加，影响水库自然冷却数据中心的经济效益。因此，本节对比机械制冷系统，通过案例来分析冷水自然冷却系统的经济供冷长度、不同管道保温状况和水泵输送造成的温升和冷量损失。

1. 初投资

机械制冷系统的初投资主要包括冷水机组、水泵及冷却塔等，冷水自然冷却系统的初投资主要包括冷水泵、蓄水池、换热器及管道等。相比机械制冷系统，水库自然冷水源取水口可能距离数据中心较远，自然冷水输送管道较长，因此输送管道材料及安装施工初投资费用需要考虑，而机械制冷系统一般安装在数据中心建筑的机房内，冷源管道较短，其管道初投资费用可忽略不计。基于文献调研，主要设备初投资费用如表 5.2-1 所示。

机械制冷系统与冷水自然冷却系统的主要设备设施投资费用表　　表 5.2-1

系统形式	类别	费用
机械制冷系统	冷水机组	450～700 元/kW
	水泵	50～100 元/(m^3/h)
	冷却塔	80～100 元/kW

续表

系统形式	类别	费用
冷水自然冷却系统	换热器	1500 元/m^2
	水泵	50～100 元/(m^3/h)
	蓄水池	4000 元/m^2
	管道	2100d 元/m(d 为管段直径,m)
	管道保温	2200δd 元/m(δ 为保温层厚度,m)
	管道安装	基于管径确定,如 50 元/m(DN200)

2. 冷量损失及温升

冷水在输送过程中，管道散热会造成一定的冷量损失。此外，冷水泵的一部分运行功率会以热量的形式释放到管道中去，也造成冷水的冷量损失。随着管道供冷长度的增加，冷水管道对外散热面积及管道阻力都会相应增加，使其上述两种冷量损失进一步增加。基于文献［14］，冷水管道对外散热、冷水泵运行功率造成的冷量损失、管道温升可由下式计算：

$$Q_{gd}=\frac{1.95L\lambda_b m^{0.5}}{v^{0.5}\delta_b}[2t_{soil}-t_1-(t_1+\Delta t_{gd})]\approx\frac{1.73dL\lambda_b}{\delta_b}(t_{soil}-t_1) \tag{5.2-1}$$

$$\Delta t_{gd}=\frac{Q_{gd}}{cm_{kg}}=\frac{Q_{gd}}{c\rho m} \tag{5.2-2}$$

$$Q_{lsb}=0.8P_{lsb}=32Lm^{0.375}v^{2.625} \tag{5.2-3}$$

$$\Delta t_{lsb}=\frac{Q_{lsb}}{cm_{kg}} \tag{5.2-4}$$

式中 Q_{gd}——冷水管道对外散热造成的冷量损失，kW；

L——管道供冷长度，m；

λ_b——管道保温材料导热系数，W/（m·℃）；

m——管道体积流量，m^3/s；

v——管道流速，m/s；

δ_b——管道保温层厚度，m；

t_{soil}——土壤温度,℃；

t_1——冷水取水温度,℃；

d——管道直径，m；

Δt_{gd}——冷水管道对外散热造成的管道温升,℃；

c——冷水比热容，kJ/（kg·℃）；

ρ——冷水的密度，kg/m^3；

Q_{lsb}——冷水泵运行造成的冷量损失，kW；

Δt_{lsb}——冷水泵运行造成的管道温升,℃；

m_{kg}——管道质量流量，kg/s。

3. 经济供冷长度

系统参数的合理选择是确保冷水自然冷却系统运行的关键因素。冷水源管道供冷长度定义为冷源取水口至板式换热器之间冷水供水的管道长度以及板式换热器至排水口之间排水管道的长度总和。若选用过大的管道供冷长度，不仅会增加系统的初投资费用，也会导致水泵的运行功率增大，造成系统的运行费用增加。针对冷水自然冷却系统的经济供冷长度问题，可以采用全寿命周期费用方法。以机械制冷系统全生命周期费用为基准，建立水库冷水自然冷却系统在全寿命周期节省的冷却费用，如式（5.2-5）所示。经济供冷长度定义：在经济供冷长度下，冷水自然冷却系统的初投资及运行费用总额小于等于机械制冷系统的初投资及运行费用总额。

$$f(L,v,\cdots)=(COST_{jx,tz}+\beta COST_{jx,yx})-(COST_{ls,tz}+\beta COST_{ls,yx})\geqslant 0 \quad (5.2\text{-}5)$$

$$COST_{jx,tz}\approx cost_{ls,tz}+cost_{sb,tz}+cost_{lqt,tz} \quad (5.2\text{-}6)$$

$$COST_{jx,yx}\approx cost_{ls,yx}+cost_{sb,yx}+cost_{lqt,yx}=cost_{df}\times\frac{Q}{EER}\times 24\times 365 \quad (5.2\text{-}7)$$

$$COST_{ls,tz}\approx cost_{hr,tz}+cost_{lsb,tz}+cost_{xsc,tz}+cost_{gd,tz} \quad (5.2\text{-}8)$$

$$COST_{ls,yx}\approx cost_{lsb,yx}=cost_{df}\times P_{lsb}\times 24\times 365 \quad (5.2\text{-}9)$$

$$P_{lsb}=\frac{\rho gmH_{lsb}}{1000n_{lsb}}\approx 40Lm^{0.375}v^{2.625} \quad (5.2\text{-}10)$$

$$m=\frac{\pi vd^2}{4}=\frac{m_{kg}}{\rho}=\frac{Q+Q_{gd}+Q_{lsb}}{c\rho(t_2-t_1)} \quad (5.2\text{-}11)$$

式中　$f(L,v,\cdots)$——水库冷水自然冷却系统在全寿命周期节省费用，元；

$COST_{jx,tz}$——机械制冷系统投资费用，元；

$COST_{jx,yx}$——机械制冷系统年运行费用，元；

$COST_{ls,tz}$——冷水自然冷却系统投资费用，元；

$COST_{ls,yx}$——冷水自然冷却系统年运行费用，元；

β——设备寿命周期，年；

$cost_{ls,tz}$——冷水机组投资费用，元；

$cost_{sb,tz}$——冷水泵及冷却水泵投资费用，元；

$cost_{lqt,tz}$——冷却塔投资费用，元；

$cost_{ls,yx}$——冷水机组年运行费用，元；

$cost_{sb,yx}$——冷水泵及冷却水泵年运行费用，元；

$cost_{lqt,yx}$——冷却塔年运行费用，元；

$cost_{df}$——电价，元/kWh；

Q——供冷建筑冷负荷，kW；

EER——机械制冷系统综合能效系数；

$cost_{hr,tz}$——换热器投资费用，元；

$cost_{lsb,tz}$——水泵投资费用，元；

$cost_{xsc,tz}$——蓄水池投资费用，元；

$cost_{gd,tz}$——水管道投资费用，元；

$cost_{lsb,yx}$——水泵年运行费用，元；

P_{lsb}——水泵用电功率，kW；

g——重力加速度，m/s^2；

H_{lsb}——水泵的扬程，m；

t_2——排水温度，℃；

n_{lsb}——冷水泵总效率。

4. 案例分析

以某冷水自然冷却数据中心为例，该数据中心规划机架数 2500 个，单机架负载为 4kW，总冷负荷为 10000kW。采用冷水自然冷却方式，系统原理图如图 5.2-5 所示。冷水自然冷却系统及机械制冷系统的初投资费用如表 5.2-2 所示。其中，冷水机组投资费用取值 575 元/kW，水泵投资费用取值 75 元/（m^3/h），冷却塔投资费用取值 90 元/kW，蓄水池面积取值 300m^2。

案例投资费用表 **表 5.2-2**

系统形式	类别	费用(元)
机械制冷系统	冷水机组	5.75×10^6
	冷水泵	1.27×10^5
	冷却水泵	1.51×10^5
	冷却塔	9.0×10^5
	机械制冷系统总投资	6.93×10^6
冷水自然冷却系统	换热器	5.0×10^5
	冷水泵	$2.7m\times10^5$
	蓄水池	1.2×10^6
	管道(含材料、保温、安装)	$(2100d+2200\delta_b d+50)L$
	冷水自然冷却系统总投资	$[1.7\times10^6+2.7m\times10^5+(2100d+2200\delta_b d+50)L]$

本案例在分析冷水自然冷却系统的经济供冷长度及冷量损失时，冷却系统相关参数设定参考实际工程案例，如表 5.2-3 所示。

案例系统参数设定 **表 5.2-3**

参数	数值	参数	数值
机械制冷能效(EER)	5.0	电价($cost_{df}$)	0.6 元/kWh
设备寿命(β)	20 年	冷水泵效率(n_{lsb})	0.7
冷水比热容(c)	4.186kJ/(kg·℃)	冷水密度(ρ)	1000kg/m^3
土壤温度(t_{soil})	18℃	管道保温层厚度(δ_b)	0.4m

（1）案例经济供冷长度及冷量损失

冷水取/排水温度为 13℃/18℃，管道保温良好［导热系数 λ_b＝0.05 W/（m·℃）］，管道流速初定为 2m/s，冷水自然冷却系统的经济供冷长度大小如图 5.2-13（a）所示。可以发现，考虑冷量损失情况下的管道经济长度最大值（8112m）小于未考虑冷量损失情况下的管道经济长度最大值（7774m）。图 5.2-13（b）为不同经济供冷长度下管道散热及冷水泵运行所造成的温升情况，随着经济供冷长度的增加，管道对外散热造成的管道温升可忽略不计，而冷水泵运行造成的温升存在显著的线性上升趋势，其最大值为 0.542℃。由上述分析可知，实际情况下（有冷量损失）的管道经济供冷长度小于理论情况下（无冷量损失）的管道经济供冷长度，在管道保温情况良好的情况下冷水泵运行造成的冷量损失是造成管道经济供冷长度减小的主要原因。

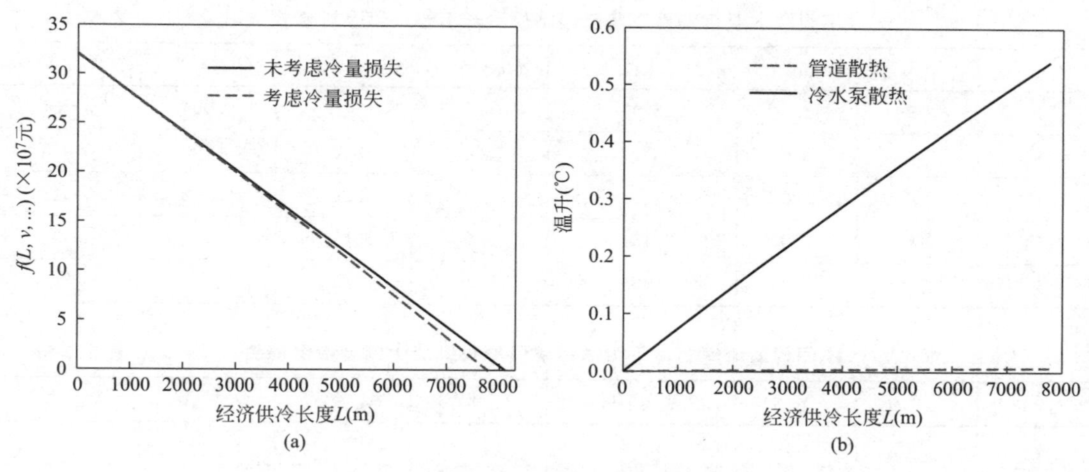

图 5.2-13 经济供冷长度及冷量损失大小

（2）案例经济供冷长度的影响因素分析

图 5.2-14 为不同取水温度及管道流速情况下管道经济供冷长度变化情况。随着取水温度和管道流速的增加，经济供冷长度会显著减小。

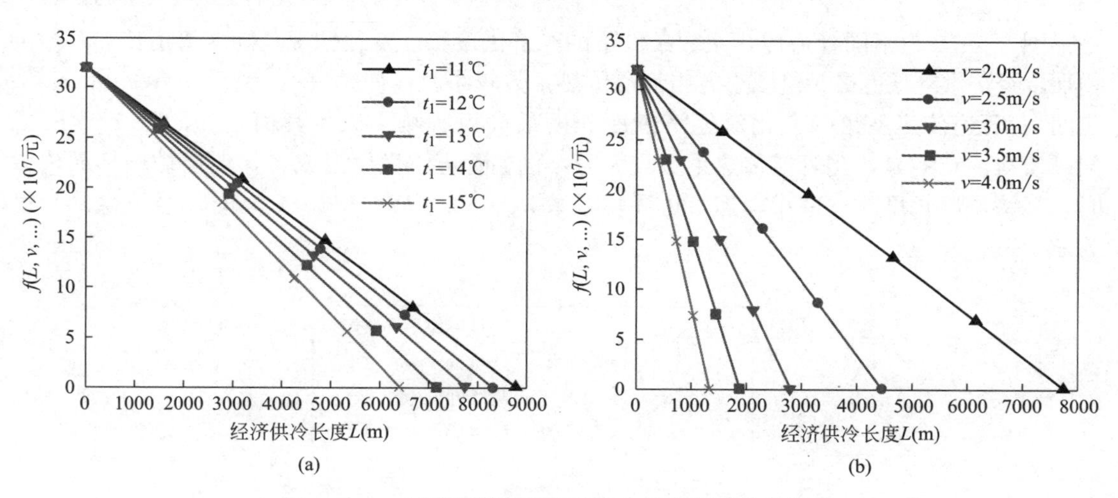

图 5.2-14 不同管道流速对冷水自然冷却系统的影响

如表 5.2-4 所示，当取水温度从 11℃上升至 15℃时，即取排水温差减小至原来的 42%，管道经济供冷长度最大值从 8807m 减小至 6425m，即经济供冷长度最大值为原来的 73%。值得注意的是，随着取水温度的增加，管道对外散热的冷量损失及温升、冷水泵运行的冷量损失基本保持恒定，而冷水泵运行造成的温升明显减小。表 5.2-5 为不同管道流速下管道经济供冷长度及冷量损失情况，随着流速增加，管道经济供冷长度显著减小，当流速从 2m/s 增加至原来的 2 倍时，其经济供冷长度最大值为 1334m，仅为原来的

17%。在经济供冷长度最大值的情况下，不同流速下管道对外散热及冷水泵运行造成的冷量损失及温升变化较小。由上述结果可知，取水温度及管道流速增加时，管道经济供冷长度明显减小，且管道流速的变化对经济供冷长度的影响更加显著。

不同取水温度条件下管道经济供冷长度最大值及冷量损失 **表 5.2-4**

t_1(℃)	t_2(℃)	v(m/s)	L 最大值(m)	Q_{gd}(kW)	Δt_{gd}(℃)	Q_{lsb}(kW)	Δt_{lsb}(℃)
11	18	2.0	8807	6.6	1211.6	0.004	0.758
12	18	2.0	8317	5.8	1212.5	0.003	0.650
13	18	2.0	7774	4.9	1213.7	0.002	0.542
14	18	2.0	7154	4.0	1214.6	0.001	0.434
15	18	2.0	6425	3.1	1215.2	0.001	0.325

不同管道流速条件下管道经济供冷长度最大值及冷量损失 **表 5.2-5**

t_1(℃)	t_2(℃)	v(m/s)	L 最大值(m)	Q_{gd}(kW)	Δt_{gd}(℃)	Q_{lsb}(kW)	Δt_{lsb}(℃)
13	18	2.0	7774	4.9	1213.7	0.002	0.542
13	18	2.5	4466	2.5	1254.0	0.001	0.558
13	18	3.0	2808	1.5	1273.0	0.001	0.566
13	18	3.5	1886	0.9	1282.0	0.001	0.569
13	18	4.0	1334	0.6	1288.0	0.001	0.572

图 5.2-15 为不同管道传热系数条件下的经济供冷长度变化情况，随着管道传热系数的增加，经济供冷长度最大值减小。当管道传热系数较小时［如 λ_b 在 0.05～5.0W/（m·℃）之间］，管道传热系数的变化对经济供冷长度最大值影响不大，其值在 7650～7774m 之间。值得注意的是，当管道传热系数较大时，例如管道不做保温或者保温层被破坏而失效时，经济供冷长度显著减小，当管道导热系数 λ_b=50.0 W/（m·℃）时，经济供冷长度为 6754m。

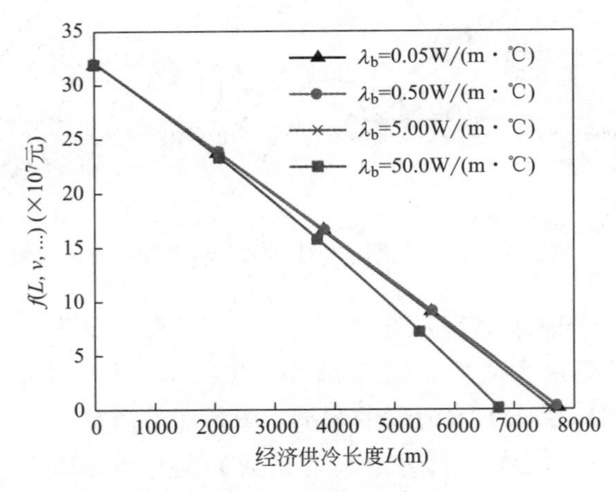

图 5.2-15　不同管道传热系数条件下管道经济供冷长度

图 5.2-16 及表 5.2-6 为不同管道传热条件下的冷量损失及管道温升变化情况。可以看出，当管道传热系数增加时，管道对外散热造成的冷量损失及管道温升相应增加，且管道传热系数越大，其冷量损失及管道温升变化越显著。值得注意的是，随着管道传热系数的增加，冷水泵运行造成的冷量损失基本保持恒定，冷水泵运行导致的管道温升逐渐减小。综上所述，在选择管道保温材料时，可兼顾经济成本，选择保温性能较好的材料，并注意施工规范，防止保温材料遭到破坏，以免造成大量的能量浪费。

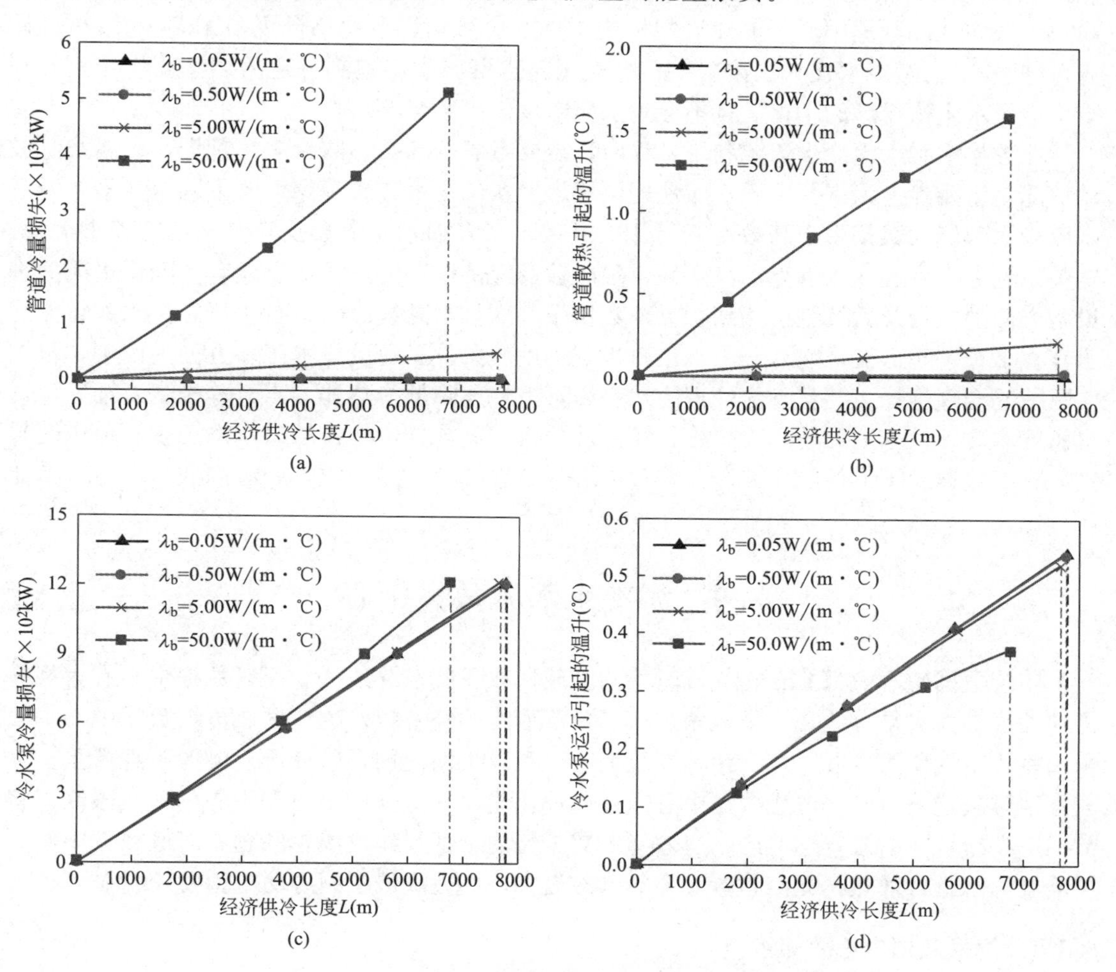

图 5.2-16　不同管道传热系数情况下的冷量损失及管道温升

不同管道传热系数情况下经济供冷长度最大值对应的冷量损失及管道温升　表 5.2-6

λ_b[W/(m·℃)]	L 最大值(m)	Q_{gd}(kW)	Δt_{gd}(℃)	Q_{lsb}(kW)	Δt_{lsb}(℃)
0.05	7774	4.9	1213.7	0.002	0.542
0.5	7764	49.1	1213.9	0.022	0.540
5	7650	493.3	1213.6	0.211	0.519
50	6754	5150.0	1215.0	1.578	0.372

综上所述，我国具有充足的水库自然冷水资源优势，其分布范围较广，水温常年较低且保持基本恒定。利用自然冷水作为数据中心冷却系统冷源，可极大程度延长自然冷却时间，减少甚至取消机械制冷设备的使用，从而显著地降低数据中心冷却系统能耗及 *PUE*，满足节能减排的要求。以东江湖数据中心为例，该数据中心全年以东江湖天然冷水作为散热冷量，无需运行传统的机械制冷系统，大大降低了能源消耗和运行成本，数据中心 *PUE* 低至 1.2，相比于采用传统制冷系统（*PUE*＝1.5)，项目年节约电量高达 2.0 亿 kWh（以东江湖数据中心当前建设规模为 18000 台机柜，平均每台机柜 4kW 的散热量计算）。此外，自然冷水技术在数据中心的应用对水资源水温起到一定的热修复作用，有利于鱼类及水生植物等的生存，且不会对水质产生任何影响。

在数据中心水库冷水资源利用过程中，需要考虑的各类参数众多。首先，水温及其波动情况是主要参考因素，由于水库地理位置、形状、排水方式等参数的不同，并不是所有水库冷水都能为数据中心高效冷却所用。其次，众多的水质参数及其变化也需着重考虑，这关系到数据中心冷水系统的高效性、耐久性及经济性，优良的水质能有效降低水质处理设备方面的投资及后续维护费用，保障数据中心取排水系统高效运行。再者，水库自然冷水存在多种利用形式，需综合考虑市政规划、地质条件、建设成本等多方面的因素，根据实际情况合理选择，并且预先处理冷水水质可大幅度降低换热器、水泵等设备腐蚀，保证自然冷水冷却效率。此外，需要进行经济性分析，对数据中心自然冷水系统中管道供冷长度、管道流速及管道传热系数等关键参数进行合理设计，实现数据中心高效、绿色、节能运行。

5.3 海冷水水源数据中心

传统数据中心大都分布在气候较冷的区域，如我国东北地区。而对数据中心有大规模需求的区域大多是京津冀、长三角、珠三角等沿海的经济较发达地区。传统数据中心一般采用室外空气作为冷源，在广州等高温地区，难以长期使用自然冷源，能源消耗严重。为较好地解决这一矛盾，海底数据中心通过模块化建设，打破传统数据中心的地域限制，将数据中心布置在沿海发达地区，有效降低数据传输延迟及建设成本问题。海底数据中心利用低温海水进行散热，无需布置多余的制冷设备，大大降低了制冷功耗和投入成本。

5.3.1 海底数据中心冷却系统

海底数据中心是将 IT 设备放置在水下密封容器中的数据中心，主要由岸站、海底高压复合缆、海底分电站及海底数据舱四部分组成。其中，岸站主要通过复合海缆向海底分电站进行高压输电；海底分电站进行高压变电；数据舱内部通过配电对每个 IT 设备进行供电，并将热量散发到海水中；IT 设备通过海底光电复合缆与岸站联通，进行数据的运行与存储。海底数据中心的散热过程是与海水进行换热完成的，与传统陆地数据中心相比，海底数据中心使用海水冷却、无需机械制冷，营运成本低，显著降低冷却系统运行能耗，有效节约了能源。它也将成为数据中心绿色化发展的主要方式之一。

由 5.1 节分析可知，在一定区域内，海洋环境相对稳定，全年温度变化范围小，可以全年实现自然冷却。由于海底数据中心一般采用舱体设计，面积有限，因此通常采用可冷却较高热流密度的机柜级冷却方式。为增加运行安全性，冷却系统可采用双系统设计，互为冗余备份。

海底数据中心可采用多种机柜级冷却形式，可以采用利用管道输送海水进入服务器机架背面的散热器，再排到低温海水中，完成数据中心机架的散热（见图 5.3-1）。

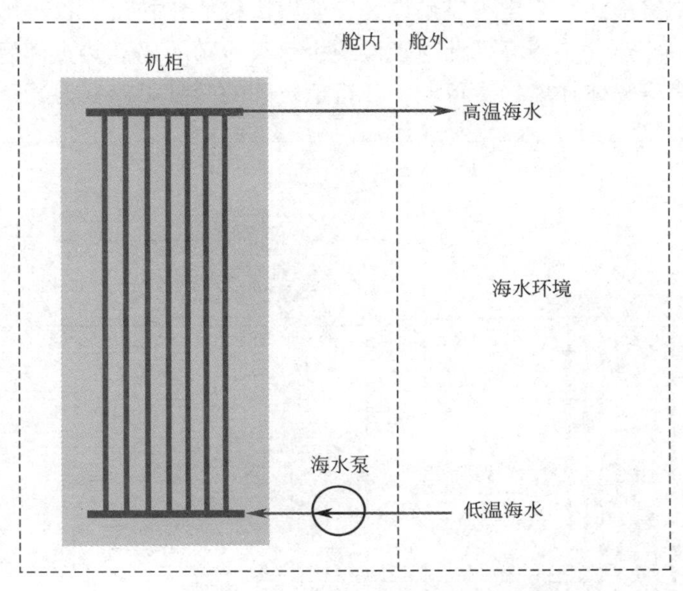

图 5.3-1　纯海水循环数据中心冷却系统

也可在舱内和舱外布置两个热交换器，以淡水为工质，将发热元件产生的热量先导出到冷水中，吸收热量的水通过泵循环至舱外，在外部换热器处与低温海水换热，将热量快速导出（见图 5.3-2）。

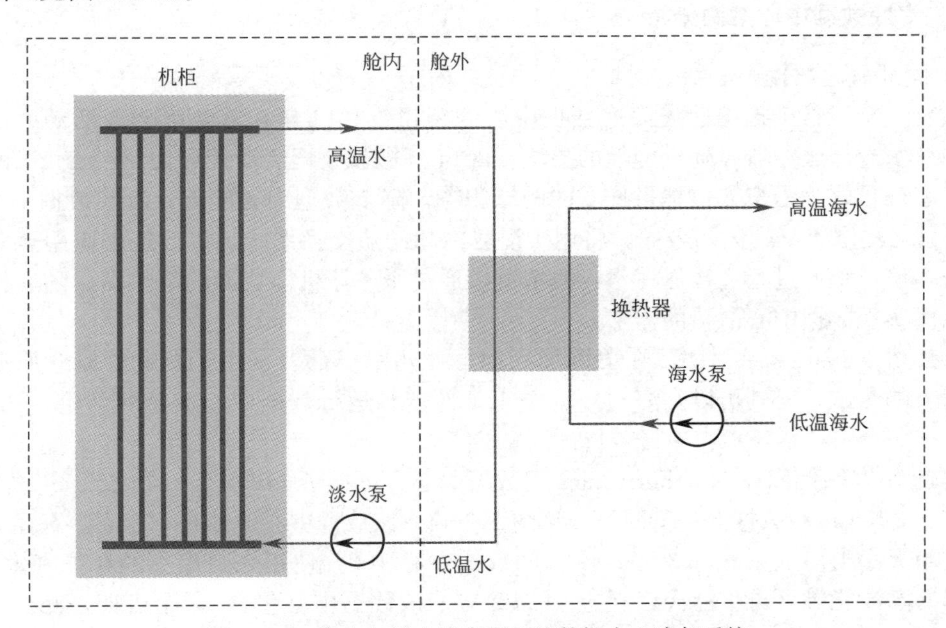

图 5.3-2　海水与淡水综合利用的数据中心冷却系统

海底数据中心冷却系统也可采取热管形式，热管具有自调节能力，可实现冷量按需分配的效果。选取的循环介质是在常温常压下为气态的氟利昂工质，杜绝海水进入舱体，保证服务器安全运行。分离式热管的冷凝端安装高度需高于蒸发端，依靠重力和温差实现工质循环，无需额外的动力部件，进一步降低输配能耗，提高系统运行可靠性（见图 5.3-3）。冷却方案采取机柜级冷却，采用小风量模式，使得风机能耗较低。这种冷却方式的气流组织良好，消除机房冷热气流掺混，杜绝了传统机房级冷却的局部热点问题。热管背板安装在机柜排风侧，机房整体环境为冷环境，各机柜之间的冷量可以互为冗余备份。

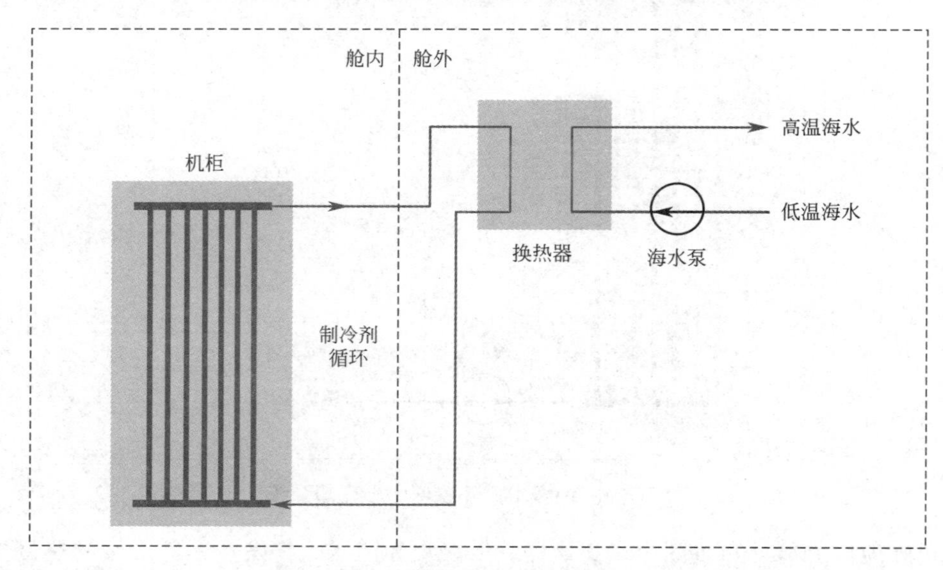

图 5.3-3　热管形式数据中心冷却系统

5.3.2　海底数据中心案例分析

1. 国外海底数据中心案例

微软是全球首个提出建设海底数据中心的公司。2013 年在其年度创新活动中，提出了利用海水冷却服务器以降低能耗的想法。2014 年微软公司启动代号为“Natick”的海底数据中心项目，为沿海人口提供优质的网络服务，降低数据中心能耗。海底数据中心 Natick 项目与法国 Naval 集团合作，将用于潜艇冷却的热交换系统加以改造，应用至海底数据中心，该系统通过管道输送海水，海水直接通过服务器机架背面的散热器，随后排回大海，从而实现数据中心散热的需求。

2015 年，Natick 项目团队在美国加利福尼亚州附近部署了用于测试的概念原型，经过 105 天的测试，得到可以在海底环境中正常部署和运行数据中心设备的结论，*PUE* 为 1.07，*WUE*＝0，不耗水，项目可行性高。

2018 年春，他们在 Northern Isles 把数据中心仓沉在了 117 英尺（约 35.7m）深的海底，并于 2020 年对数据仓进行回收（见图 5.3-4）。该数据中心舱体长 12.2m，直径 2.8m，与集装箱大小类似（见图 5.3-5）。该海底数据中心 100％使用来自岸上的风能和太阳能，及近海的潮汐能等可再生能源，耗电量 240kW。该数据中心包含 12 个机架，864 个标准微软数据中心服务器，最长可无运维运行 5 年。

图 5.3-4　微软海底数据中心内部结构

图 5.3-5　微软 Natick 项目海底数据中心

对数据中心服务器的监控研究证明，海底数据中心有较高的可靠性，舱内 864 台服务器中有 8 台产生故障，其故障率为陆地 IDC 的 1/8。研究人员认为，在海底密封的数据中心可以提高其整体运行可靠性。在陆地上，氧气和湿度造成的腐蚀、温度波动、更换损坏部件时人为的碰撞，都可能导致设备故障。在海底布置数据中心也会面临一些问题，如生物污染。如果设备停留在光区，藤壶和藻类等水生生物将会附着在舱体上，降低传热的有效性。可通过在热交换器表面使用铜镍合金来增强传热性能和耐腐蚀性，这种材料还具有抗生物污垢的优势，但价格比钢铁等材料更高。

2. 国内海底数据中心案例

海兰信是我国首家切入海底数据中心领域的公司。2021 年 1 月该公司公布的海底数据中心样机第一阶段测试报告显示，珠海样机 *PUE* 为 1.076，可达到世界先进数据中心的能效水平，也满足工业和信息化部最新的指导要求。海底数据中心施工周期短，建设成本低；部署在沿海地区，可以有效降低数据传输的延迟；无需淡水资源，绿色节能。

海底数据中心具有模块化、高 IT 负载、低 *PUE*、支持模块化部署同时兼顾安全性等特点，满足人们在服务器部署、低能耗、低成本、高效率等方面的要求。海兰信海底数据中心单仓可容纳 24 个机柜，机柜功率密度 15kW。单仓最大设计功率 1MW，*PUE* 设计值小于 1.10。

海底数据中心舱主体为罐体结构，电气设备、冷却系统均布置在罐体内部；该数据中心采用液冷冷却形式，利用热管对服务器散热（见图 5.3-6）。罐体顶部设计海水冷却系统，包括海水泵及冷凝系统等，利用管道将温度较低的海水与气态剂进行换热，排出的高温海水流回海洋。罐体内充满惰性气体，防止氧气、水汽等对舱体内部的侵蚀。海底数据中心舱体大小接近于集装箱，海底数据中心厂站可最多同时布置 25 个数据舱，模块化设计方案可通过工厂预制与工地实际组装相结合的方式快速完成数据中心的搭建（见图 5.3-7）。

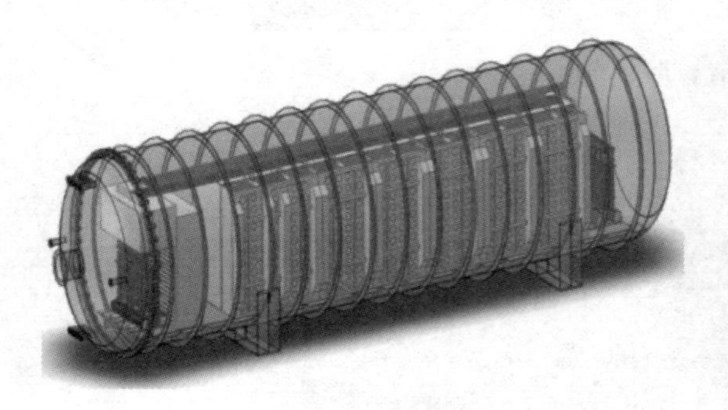

图 5.3-6　海兰信数据中心内部结构

图 5.3-7　海兰信海底数据中心规模化部署

海底数据中心以海水为自然冷源，依靠分离式重力热管冷却形式，无压缩机运行，可实现在南方沿海高热地区数据中心的高效冷却。海兰信样机入海测试结果表明，当海水温度低于 25℃时，舱内环境温度可维持低于 35℃，满足服务器运行要求。测试样机单舱 *PUE* 为 1.076，优于设计目标，达到世界先进 IDC 能效水平。技术先进性上，海底数据中心采用海水冷却，*WUE* 为零、*CUE* 优异。环境生态上，样机出水口最高温升 2℃，考虑到流量及影响范围等因素，对测试海域的海洋生态环境友好，基本不会对海区内海洋生物产生负面影响。

海底数据中心具备诸多优势。首先，它具有低成本、低能耗、绿色化的优势。经测算，海兰信海底数据中心单仓 *PUE* 能够达到 1.1 以下，一方面可减小 30%以上的能耗，另一方面不需要空调等成本，运维成本比陆地 IDC 节省 22%。同时，不需搭建冷却塔，只需在陆上建设规模较小的岸站，可减少三分之二的岸基设施。每机柜每年可节省淡水 $200m^3$，典型规模的海底数据中心每年能节省淡水 60 万 m^3。同时，海底数据中心能够做到陆海统筹，助力海洋综合利用；实现清洁能源、可再生能源等的多能互补。其次，在沿海 50～100km 之内布置海底数据中心具有低时延、高灵活的特点，快速响应一线城市的用网需求。采用全预制模式，90 天就能实现海底数据中心的设计、调试、安装布放，不仅可以有效降低建造成本，而且能够在后期根据实际状况进行灵活扩容。最后，该数据中心可靠性与安全性高。海底数据中心舱内充满惰性气体，隔绝了氧气、水汽等，防止内部腐蚀，同时远离人类干扰，故障率与陆上数据中心相比大大降低。此外，海底数据中心恒温、恒湿、恒压、无氧、无尘、无人鼠侵害，可以满足物理安全需求高的企业和政府的需求。

5.4　本章小结

我国海洋、湖泊及水库的冷水资源相当丰富，若能将其作为数据中心冷源，充分挖掘自然冷水资源潜力，是解决数据中心冷却系统能耗问题的可行方案。多数自然冷水表面温度会受到地理位置等影响，呈现季节性周期变换。由于深层升温较慢，混合较弱，垂直方向存在较明显的分层现象，下层为低温层，常年保持较低水平，可满足数据中心机房散热需求。

在水库下游搭建数据中心并利用下游水作为冷源，能够对修建水库后导致下游河道水温下降起到一定的热修复作用。但在数据中心水库冷水资源利用过程中，首先需要考虑的水库水温、径流量及其波动情况等主要参考因素，由于水库地理位置、形状、排水方式等参数的不同，并不是所有水库冷水都能为数据中心高效冷却所用。其次，水质关系到数据中心冷水系统的高效性、耐久性及经济性，优良的水质能有效降低水质处理设备方面的投资及后续维护费用，也是数据中心取排水系统高效运行的保障。最后，水库自然冷水存在多种利用形式，需综合考虑市政规划、地质条件、建设成本等多方面的因素，同时考虑到冷水输送将造成冷水温升、冷量损失，及冷水泵能耗随输送距离增加而增加，因此需要进行经济性分析，对数据中心自然冷冷水系统中管道供冷长度、管道流速及管道传热系数等关键参数进行合理设计。

海底数据中心利用低温海水进行散热，无需布置多余的制冷设备，大大降低了制冷功耗和投入成本，同时远离人类干扰，具有低成本、低能耗、绿色化、高可靠性的优势。另外，海底数据中心可以满足京津冀、长三角、粤港澳大湾区等重点区域的数据中心布局需求，解决南方地区空气自然冷源可用时间较短的难题。在海底布置数据中心也会面临诸如生物污染等问题，需要采用预制模块化，做好耐腐蚀及增强传热性能处理。

本章参考文献

[1] Oceanologia. Baltic Sea based on 32-years（1982—2013）of satellite data [R]. 2015.

[2] I. K. A. B，P. M. A. A，P. C. C. D，Looking back and looking forwards：Historical and future trends in sea surface temperature（SST）in the Indo-Pacific region from 1982 to 2100-ScienceDirect [J]. International Journal of Applied Earth Observation and Geoinformation，2016，45：14-26.

[3] 任宇杰，唐晓岚．长江中下游地区十大湖泊气候舒适度时空分布特征 [J]．湖北农业科学，2018，57（1）：41-46.

[4] 薛联芳．东江水电站水温预测模型回顾评价．//国家环境保护总局环境影响评价管理司．水利水电开发项目生态环境保护研究与实践 [C]．北京：中国环境出版社，2006.

[5] 邱进生，邓云，颜剑波，等．水库水温数学模型适用性研究 [J]．环境影响评价，2017，39（2）：57-62.

[6] 孔勇，邓云，脱友才．垂向一维水温模型在东江水库中的应用研究［J］．人民长江，2017，48（10）：97-102.
[7] 刘文娟，徐元宝．区域供冷和分散供冷的经济比较［J］．能源与节能，2011，1：67-68.
[8] 蔡勤龙．区域供冷系统经济供冷参数研究［D］．长沙：湖南大学，2015.
[9] 刘金平，陈志勤．区域供冷系统枝状冷水输送管网的优化设计［J］．暖通空调，2006，7：18-22.
[10] 董晓丽．降低空调冷冻水系统输送能耗的研究［D］．上海：东华大学，2012.
[11] 杜乐乐．利用次表层海水作城市区域空调冷源的机理研究［D］．上海：上海交通大学，2008.
[12] 刘雪玲．海水源热泵系统相关设备传热研究［D］．天津：天津大学，2011.
[13] 孙湘平，中国近海区域海洋［M］．北京：海洋出版社，2006.
[14] 刘哲，魏皓，蒋松年．渤海多年月平均温盐场的季节变化特征及形成机制的初步分析［J］．青岛海洋大学学报（自然科学版），2003，1：7-14.
[15] 贾瑞丽，孙璐．渤海、黄海冬夏季主要月份的海温分布特征［J］．海洋通报，2002，4：1-8.
[16] 华泰证券研究报告．数据中心走进大海洋时代［R］，2021.
[17] 国家卫星海洋应用中心．全球海表面温度专题图．2021-08-21［2021-12-20］http：//www. nsoas. org. cn/news/node _ 232 _ 2. html
[18] JIM SALTER. Microsoft declares its underwater data center test was a success［EB/OL］. 2020-9-15［2021-12-20］. https：//natick. research. microsoft. com/
[19] David Hume. UNDERWATER DATA CENTERS［EB/OL］. 2017-10-24［2021-12-20］. http：//theliquidgrid. com/2017/10/24/underwater-data-centers/
[20] John Roach. Microsoft finds underwater datacenters are reliable，practical and use energy sustainably［EB/OL］. 2020-9-14［2021-12-20］. https：//natick. research. microsoft. com/